BRIEFE ZUR WELLENMECHANIK

SCHRÖDINGER
PLANCK · EINSTEIN · LORENTZ

BRIEFE
ZUR WELLENMECHANIK

HERAUSGEGEBEN IM AUFTRAGE DER
ÖSTERREICHISCHEN AKADEMIE DER WISSENSCHAFTEN
VON

K. PRZIBRAM
WIRKLICHES MITGLIED DER
ÖSTERREICHISCHEN AKADEMIE DER WISSENSCHAFTEN

MIT 4 PORTRÄTS

WIEN / SPRINGER - VERLAG / 1963

ISBN 978-3-642-52026-6   ISBN 978-3-642-52044-0 (eBook)
DOI 10.1007/978-3-642-52044-0
Softcover reprint of the hardcover 1st edition 1963

VORWORT

Eine große physikalische Theorie wie die Schrödingersche
Wellenmechanik nimmt, wenn sie sich bewährt, mit der Zeit ein
unpersönliches, von ihrem Urheber ganz losgelöstes Eigendasein
an und wird schließlich als selbstverständlich hingenommen. Man
vergißt da, mit wieviel inneren Kämpfen, Hoffnungen und Ent-
täuschungen ihre Entstehung verbunden war, und all das Für und
Wider in den Reaktionen der Zeitgenossen. Diese mehr persönliche
Seite kann wieder zum Leben erweckt werden, wenn Briefe wie die
hier wiedergegebenen aus jener Zeit vorhanden sind.

Schrödingers Witwe, Frau Annemarie Schrödinger, hegte den
Wunsch, der die Wellenmechanik betreffende Briefwechsel ihres
Gatten möge im Rahmen der Schriften der Österreichischen Akademie der Wissenschaften veröffentlicht und so einem größeren
wissenschaftlichen Kreise zugänglich gemacht werden. Sie hat sich
an den Unterzeichneten, den Senior der österreichischen Physiker,
mit dem Ersuchen gewandt, er möge ihren Wunsch der Akademie
zur Kenntnis bringen. Ein die Publikation der Briefe betreffender An-
trag wurde in der Sitzung der mathematisch-naturwissenschaftlichen
Klasse der Akademie am 25. Januar 1962 einstimmig und mit freu-
diger Dankbarkeit angenommen; die Redaktion wurde dem Unterzeichneten anvertraut.

Es ist den Briefen nicht viel hinzuzufügen, sie sprechen für sich
selbst. Abgesehen von ihrem sachlichen Inhalt offenbart sich in ihnen
auch etwas von der Persönlichkeit der vier kongenialen Männer, entsprechend dem Buffonschen Satze: „Le style c'est l'homme."

In den von Schrödingers Briefen hier allein vorhandenen Durch-
schlägen sind einige Lücken, da die in den maschinegeschriebenen
Originalen mit der Hand eingetragenen mathematischen Formeln
hier oft fehlen; diese Lücken wurden sinngemäß und durch Vergleich
mit den publizierten Arbeiten Schrödingers ausgefüllt. Die Mitteilungen der anderen Forscher sind durchwegs handgeschriebene Briefe
bzw. Postkarten (Nr. 1, 7, 10 und 12). Weggelassen wurde im zweiten

Lorentz-Brief (Nr. 21) eine viele Seiten füllende Rechnung über Wellenpakete, ferner in den Briefen Nr. 8, 15 und 16 die nur Persönliches enthaltenden Anfänge und in Brief Nr. 8 ein die Molekularstatistik betreffender Absatz. Die Skizze in Nr. 12 ist ein Faksimile in natürlicher Größe. Alle Texte sind — salvo errore et omissione — originalgetreu wiedergegeben; einige Unstimmigkeiten in Interpunktion und Schreibweise sind unkorrigiert beibehalten worden. Einige Anmerkungen, mit Ziffern bezeichnet und kleiner gesetzt, mögen der weiteren Orientierung dienen.

Wir danken den Erben nach Max Planck und H. A. Lorentz sowie dem Treuhänder des Nachlasses Albert Einsteins für die Erlaubnis, die entsprechenden Briefe zu veröffentlichen, dem letztgenannten auch für Photokopien der Briefe Nr. 13 und 15 sowie der in der Anmerkung zu Brief Nr. 13 genannten Briefe, von denen hier keine Durchschläge vorhanden waren.

Schließlich danken wir dem Springer-Verlag, Wien, für die Übernahme und sorgfältige Durchführung der Publikation.

Wien, im Sommer 1963

K. Przibram

INHALT

Die Porträts

BRIEFWECHSEL
SCHRÖDINGER — PLANCK

1

Berlin-Grunewald, 2. April 1926

Verehrter Herr Kollege!

Vielen Dank für den Separatabzug. Ich lese Ihre Abhandlung[1], wie ein neugieriges Kind die Auflösung eines Rätsels, mit dem es sich lange geplagt hat, voller Spannung anhört, und freue mich an den Schönheiten, die sich dem Auge enthüllen, die ich aber noch viel genauer im einzelnen studieren muß, um sie voll erfassen zu können. Dazu kommt, daß die hervorragende Rolle, welche die Wirkungsfunktion W spielt, mir äußerst sympathisch ist. Ich war von jeher der Überzeugung, daß ihre Bedeutung für die Physik noch lange nicht ausgeschöpft ist. Nur einen kleinen Schönheitsfehler hätte ich gerne beseitigt gesehen. Der alte Jacobi hätte sich doch bei allem Interesse ein wenig geärgert über die Veränderung seines Namens[2]. Geht es noch zu ändern?

Ihr
Planck

---

[1] Schrödingers frühe Arbeiten über Wellenmechanik sind zusammengefaßt in seinem Buche *Abhandlungen zur Wellenmechanik*, Leipzig 1927.

[2] Schrödinger hatte versehentlich den Namen des Mathematikers Jacobi mit k geschrieben.

2

Schrödinger an Planck

Zürich, am 8. April 1926

Hochverehrter Herr Geheimrat!

Durch ihre liebenswürdige Karte vom 2. April haben Sie mir eine unbeschreibliche Freude gemacht. Ich bin außerordentlich glücklich, daß der Grundgedanke Ihnen ansprechend scheint und habe nun die beste Hoffnung, daß sich mit der Zeit eine nach jeder Richtung brauchbare Durchführung ergeben wird, wie mangelhaft die gegenwärtige auch sein mag.

Für das schreckliche „k" hab' ich mich sehr geschämt und sogleich an die Druckerei geschrieben, ich hoffe, es läßt sich noch ändern. Ich danke Ihnen vielmals — das Arge ist die eiserne Konsequenz, mit der ich diesen geheiligten Namen an *fünf* Stellen verunstaltet habe; es wäre für mich furchtbar peinlich gewesen.

Haben Sie vielen Dank für die freundliche Übersendung Ihres Vortrages[1], den ich schon einige Tage vorher mit größtem Interesse gelesen hatte. Besonders die dramatische Wucht, mit der Sie im dritten Abschnitt die Stellung der Relativitätstheorie und der Quantentheorie umreißen und ohne Formeln den Kernpunkt der Schwierigkeit herausschälen und verständlich machen, hat mich außerordentlich gefesselt. Gerade diese energetische Schwierigkeit besteht ja leider vorläufig ganz ungeschwächt fort.

Wenn ich Ihre Karte, die mich so sehr gefreut hat, nicht sogleich beantwortet habe, so war es, weil ich Ihnen gern doch wenigstens ein klein wenig Neues mitteilen wollte. Beiliegend das Ergebnis für den Starkeffekt von *H*. Es scheint, daß die Intensitäten vollkommen richtig herauskommen. Die zugrundegelegte Annahme ist, daß die

---

[1] Es handelt sich wohl um Plancks Vortrag über *Physikalische Gesetzlichkeit im Lichte neuer Forschung*, gehalten am 14. Februar 1926 in den akademischen Kursen in Düsseldorf (Naturwissenschaften *14*, 249, 1926).

Raumdichte der Elektrizität durch das Quadrat der Wellenfunktion gegeben ist und daß für die *einzelnen* Eigenschwingungen, die zu *einem* groben Balmerniveau gehören, das Normierungsintegral denselben Wert hat. Als unumstößlich sicher kann ich die mitgeteilten Zahlen noch nicht bezeichnen, da die Rechnung recht verwickelt ist und ich noch nicht alles nochmals kontrolliert habe. Die Epstein'sche Aufspaltungsformel kommt jedenfalls ganz unverändert (wie ich schon am Ende der „zweiten Mitteilung" sagte), auch das „Auswahlprinzip für die azimutale Quantenzahl". Ferner kommt auch das „Ausschließen der äquatorialen Quantenzahl Null" ganz automatisch -- *es gibt keine* Eigenschwingungen, die diesen mit dem Kern kollidierenden Quantenbahnen entsprächen. Ferner ist sehr befriedigend, daß die drei nichtbeobachteten Komponenten im relativen Abstand 5, 6 und 8 theoretisch, obwohl sie nicht geradezu „verboten" sind, 80 bis 700mal kleinere Intensität erhalten als die schwächste beobachtete Komponente, so daß ihr Nichtauftreten sehr verständlich wird.

Ich rechne jetzt H_α, H_β, H_γ. Leider sind die Rechnungen entsetzlich unübersichtlich und es will mir nicht gelingen, sie in eine einfachere Gestalt zu bringen.

Mit den ergebensten Empfehlungen und Grüßen bleibe ich, hochverehrter Herr Geheimrat, stets

Ihr dankbar ergebener

E. Schrödinger

3

Berlin-Grunewald, 24. 5. 1926

Verehrter Herr Kollege!

Schon lange schulde ich Ihnen meinen Dank für die freundliche Zusendung Ihrer letzten Annalenabhandlung über die Quantisierung. Sie können sich denken, mit welcher Teilnahme und Begeisterung ich mich in das Studium dieser epochemachenden Schriften versenke, obgleich es bei mir jetzt sehr langsam vorwärtsgeht mit dem Eindringen in diese eigenartigen Gedankengänge. Ich hoffe dabei stark auf den fördernden Einfluß einer gewissen Gewöhnung, die den Gebrauch neuer Begriffe und Vorstellungen mit der Zeit erleichtert, wie ich das schon oft erprobt habe. Was mich aber jetzt ganz besonders freut und weshalb ich Ihnen eigentlich heute schreibe, ist die frohe Hoffnung, daß wir hier vielleicht bald Gelegenheit haben werden, Sie zu hören und zu sprechen. Wie Kollege Grüneisen[1] mir erzählte, ist Ihr Besuch zu einer Sitzung der Physikalischen Gesellschaft nicht aufgegeben, sondern nur etwas aufgeschoben und wird sogar möglicherweise noch in diesem Semester erfolgen. Lassen Sie mich Ihnen auch noch ausdrücklich sagen, wie sehr wir Physiker alle uns hier freuen würden, von Ihnen selber die Darstellung Ihrer neuen Theorie zu vernehmen und uns durch Ihre Ideen berühren zu lassen. Und fürchten Sie nicht, daß wir Sie gar zu stark in Anspruch nehmen und ermüden werden. Ich weiß nicht, ob Sie Berlin schon kennen. Aber ich hoffe, Sie werden finden, daß man hier in gewisser Beziehung freier und unabhängiger lebt als in einer kleineren Stadt, wo jeder den andern kontrolliert und man nicht die Möglichkeit hat, sich auch einmal ganz zurückzuziehen, ohne daß irgend jemand es merkt.

Nur eine kleine egoistische Bitte möchte ich hier äußern. Falls Sie

---

[1] Grüneisen war damals Vorsitzender des Gauvereins Berlin der Deutschen Physikalischen Gesellschaft.

6

im Juli kommen können, bitte nicht vor dem 11. Denn Anfang Juli
muß ich nach Bonn zu einigen Vorlesungen, und ich wäre unglück-
lich, wenn ich dadurch Ihren hiesigen Besuch versäumte. Vor allem
aber wünsche ich Ihnen die Erholung, die Sie nach den anstrengen-
den Arbeiten notwendig brauchen, und die vollständige Wieder-
gewinnung Ihrer Kräfte. Ich wäre Ihnen ganz besonders dankbar,
wenn Sie mir gelegentlich auf einer kurzen Karte ein Wort über Ihre
Reisepläne mitteilen wollten.

Einstweilen mit herzlichem kollegialem Gruß

Ihr ergebenster

M. Planck

4

Schrödinger an Planck

Zürich, am 31. Mai 1926

Hochverehrter Herr Geheimrat!

Haben Sie vielen herzlichen Dank für Ihren wohlwollenden und überaus gütigen Brief vom 24., der mich nun endgültig bestimmt hat, die liebe Einladung jedenfalls noch für dieses Semester anzunehmen, geh' es nun wie es gehe. Ich habe soeben an Herrn Grüneisen geschrieben. Daß ein Termin, zu dem Sie von Berlin abwesend sind, soweit es an mir liegt, nicht in Frage kommt, ist selbstverständlich. Herr Grüneisen war nun so freundlich, mir anzudeuten, daß eventuell auch eine kleine Verschiebung eines Sitzungstermines in Frage käme, und da, wie er selbst meinte, eine Verschiebung der Sitzung vom 9. Juli doch schon arg an das Semesterende kommt, so habe ich mir erlaubt, vorzuschlagen, ob vielleicht die Sitzung vom 25. Juni auf den 2. Juli verlegt werden könnte. Würde das mit Ihrer Reise nach Bonn noch ausgehen? Der 25. Juni wäre mir aus dem Grunde nicht angenehm, weil vom 21. bis 26. eine Anzahl ausländischer Physiker (darunter Sommerfeld, Langevin, Pauli, Stern, P. Weiß) sich zu Vorträgen und Diskussionen hier zusammenfinden. Es geht nun mit den Verbindungen so schlecht aus, daß ich spätestens am 23. Nachmittag von hier fortmüßte, wenn ich nicht unmittelbar vor der Berliner Sitzung die Nacht durchfahren will. Und das möchte ich nicht gern, weil ich dann oft recht abgespannt bin und eventuell *sehr* schlecht spreche.

Sehr dankbar wäre ich, wenn Sie, Herr Geheimrat, mir noch mit einigen kurzen Worten Winke geben wollten, wie ich meinen Vortrag anlegen soll. Ich meine, soll ich mehr daran denken, daß Sie und Einstein und Laue im Auditorium sind — ein Gedanke, bei dem mir ohnedies schwül wird — oder soll ich mich mehr auf die Herren einrichten, die der theoretischen Arbeit ferner stehen; wovon dann freilich die notwendige Folge ist, daß die erstgenannten (und eine größere Anzahl anderer) sich schwer langweilen. Mit anderen Worten: soll ich mehr das bisher Publizierte vereinfachend zusammenfassen oder, darüber kurz hinweggehend, mehr von der Störungstheorie, dem Starkeffekt und allgemeinen Intensitätsformeln sprechen. (Letzteres könnte ich andernfalls nur kurz zum Schluß erwähnen, sonst wird es zu lang; ein allgemeiner orientierender Überblick über die Grundlagen, ohne viel Rechnerei, dauert, wie ich aus dem hiesigen Kolloquium weiß, etwa eine Stunde.)

Natürlich kann ich auch beides tun, das eine in einer allgemeinen Sitzung, das andere in einem engeren Kolloquium — falls dazu Gelegenheit ist.

Ich erhielt heute einen sehr liebenswürdigen und sehr interessanten Brief mit 13 engbeschriebenen Seiten von H. A. Lorentz[1], den ich natürlich erst genau studieren muß. Er regt eine Fülle interessanter Fragen an, ist übrigens, im ganzen genommen, zwar keineswegs ablehnend, aber doch sehr kritisch eingestellt. Lorentz sieht eine der Hauptschwierigkeiten der Umdeutung der klassischen Mechanik in „Wellenmechanik" darin, daß das „Wellenpaket", welches den „Bildpunkt" der klassischen Mechanik bei makroskopischen Problemen ersetzen soll (etwa auch bei der Bewegung des Elektrons auf schwachgekrümmter Bahn), daß, sage ich, dieses Wellenpaket *nicht beisammenbleiben* wird, sondern nach allgemeinen wellentheoretischen Sätzen sich durch „Diffraktion" allmählich auf größere Räume ausbreiten wird. Ich habe das von vorneherein schwer empfunden — doch scheint es merkwürdigerweise *nicht der Fall* zu sein, jedenfalls nicht immer. Für den harmonischen Oszillator — der immer das einfachste typische Beispiel eines mechanischen Systems bleibt, mit dem man so leicht und angenehm operiert — konnte ich durch Superposition einer größeren Zahl benachbarter Eigenschwingungen hoher Ordnungs- (d. h. Quanten-)zahl eine Wellengruppe erzeugen, die, praktisch auf einen kleinen räumlichen Bereich beschränkt, genau auf der von der klassischen Mechanik beschriebenen harmonischen Ellipse umläuft, und zwar beliebig lange *ohne* sich zu zerstreuen! Ich glaube, es ist nur eine Frage des rechnerischen Könnens, dies auch für das Elektron im Wasserstoffatom zu leisten. Man wird dann den Übergang von den mikroskopischen Eigenschwingungen zu den

---

[1] Siehe den Brief Nr. 19, S. 41. In Wirklichkeit 11 Seiten, siehe den Brief Nr. 20, S. 51.

makroskopischen „Bahnen" der klassischen Mechanik klar vor Augen haben und wertvolle Schlüsse über die Phasenzusammenhänge von Nachbarschwingungen ziehen können. Diese Phasenzusammenhänge und Amplitudenzusammenhänge bleiben freilich vorläufig Postulat, sie ließen sich natürlich auch so einrichten, daß *nicht* für große Quantenzahlen ein „umlaufender" Massenpunkt resultiert — z. B., da die Gliederung *linear* ist, auch so, daß *zwei* unabhängig voneinander umlaufende Wellengruppen resultieren — vielleicht sind die Gleichungen nur näherungsweise linear.

Eine zweite sehr brenzliche Frage, die Lorentz berührt, ist die *Energie*, die einer Eigenschwingung zuzuteilen sei. Ganz sicher ist nicht *der Eigenschwingung* der Balmer-Bohr'sche Energiewert zuzuschreiben. Man soll überhaupt nicht die einzelne Eigenschwingung als das Äquivalent der einzelnen Bohr'schen Bahn ansehen, das ist, wie die obige Konstruktion zeigt, eine schiefe Parallele. Der Begriff „Energie" ist etwas, das wir aus makroskopischer Erfahrung und eigentlich *nur* aus dieser abgeleitet haben. Ich glaube nicht, daß er sich so ohne weiteres in die Mikromechanik übertragen läßt, daß man von der Energie einer einzelnen Partialschwingung sprechen darf. Die energetische Eigenschaft der einzelnen Partialschwingung ist *ihre Frequenz*. Ihre *Amplitude* muß auf ganz andere Weise bestimmt sein, ich glaube durch Normierung des Integrals des Quadrates der Gesamterregung auf den Wert der Elektronenladung.

Herr Grüneisen war so liebenswürdig, mir in Aussicht zu stellen, daß entweder Sie, Herr Geheimrat, oder Herr von Laue mir gastfreundliche Aufnahme gewähren würden. Wenn es nicht zu viel Umstände macht, bin ich natürlich sehr froh darüber und danke in jedem Falle sehr für Ihr gütiges Anerbieten. Ich würde mich bemühen, so wenig Ungelegenheit wie möglich zu machen, und bitte, es so einzurichten, daß Sie möglichst wenig derangiert werden, jede beliebig improvisierte Unterkunft ist für mich natürlich vollkommen hinreichend.

Ich danke Ihnen nochmals sehr für alle Freundlichkeit, die mir von Berlin im allgemeinen und von Ihnen, Herr Geheimrat, im besonderen dauernd entgegengebracht wird. In aufrichtiger Verehrung bin ich stets

Ihr ganz ergebenster

E. Schrödinger

5

Planck an Schrödinger

Berlin-Grunewald, 4. Juni 1926

Lieber verehrter Herr Kollege!

Es ist mir eine überaus große Freude, daß Sie sich entschließen konnten, noch in diesem Semester den Besuch in Berlin zu machen, und ich weiß genau, daß die übrigen Physiker hier ebenso denken.

Wie mir Kollege Grüneisen mitteilte, hat er wegen des 2. Juli einige Bedenken und schlägt Ihnen statt dessen den 16. Juli vor. Ich möchte mich dem nur anschließen. Das Semester dauert hier bis Anfang August, so daß Mitte Juli noch voller Betrieb herrscht und wir nicht zu fürchten brauchen, daß manche schon verreist sind. Grüneisen selber macht darin allerdings eine Ausnahme, aber der muß schon so früh reisen, daß er ohnehin leider Ihren Besuch versäumen würde. Aber uns anderen würde der 16. Juli sehr gut passen, und es frägt sich nur, ob er Ihnen selber recht ist.

Eine ganz besondere Freude wird es mir und meiner Frau sein, wenn Sie bei uns absteigen wollten. Wir hoffen sehr, es Ihnen in unserem Hause behaglich machen zu können. Vor allem werde ich dafür Sorge tragen, daß Sie in möglichstem Umfang Herr bleiben über Ihr Tun und Lassen, daß Sie insbesonders zu jeder Zeit, außerhalb der „offiziellen" Stunden, die der Physikalischen Gesellschaft gewidmet sind, Gelegenheit haben, sich zurückzuziehen und nach Gutdünken zu beschäftigen. Ich weiß aus Erfahrung, wie angenehm oft eine derartige Möglichkeit ist. Im übrigen steht Ihnen mein Haus Tag und Nacht zur Verfügung, so lange als Sie zu bleiben Lust haben.

Sie sprechen auch von der Höhe des Niveaus, auf dem sich Ihr Vortrag am besten halten soll, oder vielmehr, von dem er ausgehen soll. Da möchte ich Ihnen, im Einvernehmen mit meinen Kollegen, vorschlagen, sich als Zuhörer Studenten in höherem Semester vorzu-

11

stellen, die also sich bereits mit Mechanik und geometrischer Optik
beschäftigt haben, aber doch nicht bis in höhere Regionen vorge-
drungen sind, denen also die Hamilton-Jacobische Differentialgleichung, *wenn* sie sie überhaupt kennen, keineswegs eine Selbstver-
ständlichkeit, sondern ein schwieriges, ehrfurchtgebietendes Resultat
tiefer Forschung bedeutet. In keinem Falle aber fürchten Sie, daß
irgendwer von uns irgend einen Satz von Ihnen überflüssig finden
wird. Denn selbst, wenn der Satz uns zum Verständnis Ihres Gedan-
kenganges nicht notwendig sein sollte, wird es stets ein besonderes
Interesse darbieten, zu sehen, welche speziellen Wege Ihre Gedanken
gehen und welche besonderen Formen Ihre Anschauung bevorzugt.
Die Hauptsache in Ihrem Vortrag wird uns allen das sein, was Sie
selber in Ihrem werten Brief bezeichnet haben als ein allgemein
orientierender Überblick über die Grundlagen, ohne viel Rechnerei
und ohne viel Einzelprobleme. Vielleicht wird Ihnen das noch leichter
und natürlicher auszuführen sein, wenn Sie am andern Tage, Sonn-
abend, d. 17. Juli, Vormittag, in unserem Kolloquium einen zweiten,
auf speziellere Dinge gerichteten Vortrag mit Ergänzung und Weiter-
führung Ihrer in der allgemeinen Sitzung geschilderten Gedankengänge halten würden. Da Sie selber bereits eine derartige Möglichkeit andeuten, so hoffe ich, daß sie Ihnen zweckmäßig erscheint. Das
läßt sich sehr leicht einrichten, und ich bitte Sie nur, mir davon Mitteilung zu machen, damit wir uns darauf einrichten können.

Welch ein Kreuzfeuer von kritischen, enthusiastischen und fra-
genden Zurufen mag jetzt auf Sie einstürmen! Es ist aber auch eine
Sache von fabelhafter Perspektive. Die große Frage, ob und unter
welcher Bedingung ein Wellenpaket konserviert wird, haben Sie ja
schon, wie ich sehe, energisch in Angriff genommen. Ich habe so das
Gefühl, daß für abgeschlossene Systeme die Randbedingungen es
sind, welche die Konservierung besorgen, während für die Vorgänge
im unbegrenzten Raum eine befriedigende Lösung mir nur auf Grund
neuer Annahmen möglich scheint. Doch das ist eine cura posterior.
Einstweilen herzlichen Gruß und die freundliche Bitte, mir zu schreiben, an welchem Tag und zu welcher Stunde Sie hier eintreffen.

Ihr ergebenster

Planck

6

Zürich, am 11. Juni 1926

Hochverehrter Herr Geheimrat!

Bitte seien Sie mir nicht böse, daß ich Ihren so überaus gütigen Brief vom 4. Juni erst heute beantworte. Ich habe unterdessen an Herrn Grüneisen geschrieben, daß ich nun also endgültig für den 16. Juli zusage, und zwar paßt es auch mir ganz ausgezeichnet, da ich dann nur ein paar Tage früher zu schließen brauche, und diese letzten Vorlesungen sind ohnedies nicht mehr viel wert, weil die Leute schon die Ferien im Kopf haben. Sehr leid tut mir freilich, Herrn Grüneisen selbst nicht zu sehen, bzw. kennenzulernen, aber das läßt sich ja leider nicht ändern.

Nun vor allem sehr herzlichen Dank für Ihre liebenswürdige Einladung, bei Ihnen zu wohnen, die ich natürlich mit tausend Freuden annehme. In den Worten, mit denen Sie mir Ihr Haus als „Zufluchtsstätte vor Berlin" anbieten, spricht sich eine unbegrenzte, fürsorgliche Güte aus, die mich wahrhaft gerührt hat. Sie haben sehr recht, daß einem oft gerade diese Möglichkeit, einmal ein paar Stunden allein zu sein, am meisten abgeht in Fällen, wo alle sich darum bemühen, es einem nett zu machen. Im vorliegenden Fall hoffe ich aber doch, daß ich nicht nötig haben werde, viel von dieser Möglichkeit Gebrauch zu machen, trotz Semestermüdigkeit. Nicht nur möchte ich doch wirklich gern den Herren in Berlin, die so freundlich sind, sich für meine Arbeit zu interessieren, in und außer den „offiziellen" Stunden so viel geben, als ich nur irgend vermag; sondern auch vom ganz egoistischen Standpunkt möchte ich die Gelegenheit intensiv ausnützen, daß ich die Dinge, die mich seit Monaten ganz und gar gefangennehmen, mit einer Anzahl der ausgezeichnetsten Forscher allerverschiedenster Arbeitsrichtung werde besprechen können. Wenn man dann schon ein bißchen müde wird nach ein paar

Tagen — die Freude des interessierten Wechselgespräches wäre
Lohn genug, von der Anregung und positiven Förderung gar nicht
zu sprechen.

Für den allgemeinen Vortrag werde ich mich an Ihre Ratschläge,
für die ich sehr danke, halten und bin dann natürlich sehr froh, wenn
noch jemand Lust hat, mir am nächsten Tag im engeren Kreis zuzu-
hören.

In den letzten Tagen ist mir übrigens wieder ein schwerer Stein
vom Herzen gerollt: ich habe die Wechselwirkung des Atoms mit
einer einfallenden Lichtwelle, also die Dispersionstheorie. Ich hatte
da ziemliche Sorge, denn es war zu befürchten, daß bei einer erzwungenen Schwingung die Eigenfrequenzen selbst als Resonanzstellen
auftreten, und außerdem, daß die erzwungenen Schwingungen nicht
von den nebenher bestehenden Eigenschwingungen abhängen, d. h.
nicht vom *Zustand*, in dem sich das Atom gerade befindet. Und das
wäre ein Unsinn. Aber es löst sich alles unerhört einfach und unerhört
schön, es kommt alles genau so, wie man es haben will, ganz gerade-
aus, ganz von selbst und ohne Zwang. Der Weg ist der: was ich bisher „Wellengleichung" nannte, ist ja eigentlich nicht die Wellengleichung, sondern die Gleichung für die *Amplitude*. Es (Glg. 18″
der zweiten Mitteilung) enthält ja die Zeit gar nicht mehr, sondern
dafür schon eine Integrationskonstante E. Die zeitliche Abhängig-
keit muß durch $\psi \sim P \cdot R \left(e^{\pm \frac{2\pi i E t}{h}} \right)$ gegeben sein, oder, was dasselbe
ist, es muß

$$\frac{\partial^2 \psi}{\partial t^2} = - \frac{4\pi^2 E^2}{h^2} \psi$$

Aus *dieser* Gleichung und aus Glg. 18″ kann man nun E eliminieren
und erhält *so* die wirkliche Wellengleichung, die in den Koordinaten
von der vierten Ordnung ist, etwa vom Typus der schwingenden
Platte.

Die Hauptsache ist nun: in dieser wahren Wellengleichung darf
nun die potentielle Energie ungeniert auch explizite Funktion der Zeit
sein. Man kann also die Wechselwirkungsenergie mit der einfallenden
Welle als Störungsglied hinzufügen und gradaus die Störungsrech-
nung durchführen, die ganz einfach ist. Das Ergebnis ist im wesent-
lichen die sogenannte Kramers'sche Dispersionsformel mit ganz ge-
nauen Angaben über Phase und Polarisation der Sekundärstrahlung
— natürlich vorausgesetzt, daß man die Eigenfunktionen und Eigenwerte des ungestörten Atoms kennt.

14

Was an dem ganzen Bild noch fehlt, ist nur mehr die Wechselwirkung mit der *eigenen* Welle, d. h. das was der Strahlungsdämpfung entspricht. Ich glaube, das kann nicht mehr sehr schwer sein.

Die Störungstheorie läßt sich natürlich auch noch auf viele andere Fragen anwenden, z. B. die Störung durch ein vorüberfliegendes α-Partikel oder Elektron. Ich glaube, es ist ein ziemlich großer Schritt vorwärts, weil man eben jetzt den ganzen zeitlichen Ablauf eines Vorganges — wenigstens prinzipiell — genau verfolgen kann.

Ich möchte, wenn es Ihnen recht ist, am 15. Juli abends in Berlin ankommen — d. h. wenn es sich einrichten läßt, daß der Zug nicht allzuspät ankommt. Ich muß erst die verschiedenen sehr zahlreichen Möglichkeiten studieren und werde mir erlauben, Ihnen dann noch bestimmte Nachricht zu geben. Einstweilen nochmals meinen wärmsten Dank Ihnen und Ihrer hochverehrten Gemahlin für Ihre große Güte. Bitte machen Sie nur ja möglichst *keine* Umstände, je weniger ich Ihnen Ungelegenheiten mache, desto froher würde ich sein!

In aufrichtiger Ergebenheit bin ich, hochverehrter Herr Geheimrat, stets

Ihr

E. Schrödinger

7

Planck an Schrödinger

Grunewald, 15. 6. 1926

Lieber Herr Kollege!

Vielen Dank für Ihren werten Brief vom 11., der uns Ihre hochwillkommene Zusage bringt. Außerdem enthält er wieder einmal Mitteilungen, die jedem theoretischen Physiker das Herz im Leibe lachen machen. Doch darüber können wir ja mündlich weiter reden, es gibt immer noch viel zu fragen; denn der Appetit wächst mit dem Essen. Hüten Sie sich nur vor Überarbeitung. Also ich erwarte die Ankündigung Ihrer Ankunftsstunde am 15. Juli. Je eher, desto besser. Am 16. ist dann Ihr Vortrag in der Physikalischen Gesellschaft[1], und am 17. der in unserem Kolloquium. Am Abend des 17. hoffe ich dann einige Kollegen mit Ihnen bei mir zu sehen. Für alle Fälle wiederhole ich, daß ich vom 5. bis 11. Juli in Bonn sein werde. Meine Adresse bleibt aber die gewöhnliche.

Herzlich grüßend, Ihr

Planck

---

[1] Der von Schrödinger am 16. Juli 1926 in Berlin unter dem Vorsitz von W. Nernst gehaltene Vortrag hatte den Titel: *Grundlagen einer auf Wellenlehre begründeten Atomistik*. Ein ähnlicher Vortrag wurde am 23. Juli 1926 im Gauverein Bayern unter dem Vorsitz von R. Emden gehalten.

Dr. Max Planck.

8

SCHRÖDINGER AN PLANCK

Zürich, am 4. Juli 1927

Hochverehrter Herr Geheimrat!

. . . .

Darf ich noch ein wenig von Physik reden. Ich wüßte so gerne, wie man in Berlin und wie insbesondere Sie selbst den Stand der Quantenangelegenheit beurteilen. Ist es wahr, was die Matrizen- und q-Zahlenphysiker sagen, daß die Wellengleichung nur das Verhalten eines statistischen Ensembles beschreibt, ähnlich wie etwa die sogenannte Fokker'sche partielle Differentialgleichung? Ich würde es gerne glauben, denn die Auffassung ist wirklich viel bequemer, wenn ich nur mein Gewissen darüber beruhigen könnte, daß es nicht leichtsinnig ist, so leichten Kaufes über die Schwierigkeiten hinwegzukommen. Ich glaube ich habe Recht, daß Sie sich seinerzeit die erste und grundlegende Diskontinuitätsannahme, d. h. eben „die Quantentheorie" unter schwerem intellektuellem Kampf von der Seele gerungen haben, die lange Zeit hindurch verfolgte „zweite Version"[1] zeigt das ja aufs deutlichste. Ich glaube, man ist verpflichtet, unter den heute aufgetauchten neuen Gesichtspunkten diesen Kampf mit demselben Ernst neuerlich aufzunehmen. Ich habe nicht das Gefühl, daß dies von Seiten derer wirklich geschieht, die heute schon mit Bestimmtheit erklären: an dem diskontinuierlichen Energieaustausch *muß* festgehalten werden.

Am verdächtigsten an der Born'schen Wahrscheinlichkeitsauffassung ist mir, daß bei ihrer näheren Durchführung (von Seiten ihrer

---

[1] M. PLANCK, Verhandlungen der Deutschen Physikalischen Gesellschaft *13*, 136, 1911. Hier wird versuchsweise angenommen, nur die Emission des Atoms erfolge in Quanten, die Absorption aber kontinuierlich, ein Gedanke, der später wieder aufgegeben wurde; siehe hiezu insbesondere PLANCKS 1948 verfaßte *Wissenschaftliche Selbstbiographie* in *Physikalische Abhandlungen und Vorträge*, Braunschweig 1958, Band III, S. 396f.

Anhänger) natürlich die merkwürdigsten Dinge herauskommen: Wahrscheinlichkeiten von Ereignissen, die der naiven Auffassung als unabhängig erscheinen, verhalten sich beim Zusammensetzen nicht einfach multiplikativ, sondern es „interferieren die Wahrscheinlichkeitsamplituden" in ganz geheimnisvoller Weise (nämlich natürlich so wie meine Wellenamplituden). In einer ganz neuen Arbeit von Heisenberg sollen sogar meine viel belächelten Wellenpakete endlich ihre zutreffende Deutung als „Wahrscheinlichkeitspakete" gefunden haben. — Besonders das erste ist so komisch. Man kann es auch so ausdrücken: Die Bornsche Wahrscheinlichkeit (richtiger die Quadratwurzel daraus) ist ein zweidimensionaler *Vector*, die Addition ist vectoriell zu vollziehen. Noch komplizierter ist, glaube ich, die Multiplikation.

Nun, wie Gott will, ich halte still. D. h., wenn man wirklich *muß*, will ich mich auch an solche Dinge gewöhnen.

Mit Handküssen an Ihre hochverehrte Gemahlin bleibe ich, sehr verehrter Herr Geheimrat,

Ihr aufrichtig ergebener

E. Schrödinger

BRIEFWECHSEL
SCHRÖDINGER — EINSTEIN

9

16. April 1926

Lieber Herr Kollege!

Herr Planck hat mir mit berechtigter Begeisterung Ihre Theorie gezeigt, die auch ich dann mit größtem Interesse studiert habe. Dabei ist mir ein Bedenken gekommen, das Sie mir hoffentlich verscheuchen können. Wenn ich zwei Systeme habe, die gar nicht miteinander gekoppelt sind, und E_1 ein quantenmäßig möglicher Energiewert des ersten, E_2 ein solcher des zweiten Systems ist, so muß $E_1 + E_2 = E$ ein solcher des aus beiden bestehenden Gesamtsystems sein. Ich sehe aber nicht ein, wieso Ihre Gleichung

$$\operatorname{div\,grad} \varphi + \frac{E^2}{h^2\,(E-\Phi)}\,\varphi = 0$$

diese Eigenschaft ausdrücken sollte.

Damit Sie sehen, was ich meine, stelle ich eine andere Gleichung hin, die dieser Bedingung genügen würde:

$$\operatorname{div\,grad} \varphi + \frac{E-\Phi}{h^2}\,\varphi = 0$$

Denn die beiden Gleichungen

$$\operatorname{div\,grad} \varphi_1 + \frac{E_1-\Phi_1}{h^2}\,\varphi_1 = 0$$

(gültig für den Phasenraum des 1. Systems)

$$\operatorname{div\,grad} \varphi_2 + \frac{E_2-\Phi_2}{h^2}\,\varphi_2 = 0$$

(gültig für den Phasenraum des 2. Systems)

haben zur Folge

$$\operatorname{div\,grad} (\varphi_1\,\varphi_2) + \frac{(E_1+E_2)-(\Phi_1+\Phi_2)}{h^2}\,(\varphi_1\,\varphi_2) = 0$$

(gültig im kombinierten q-Raume)

Man braucht zum Beweis nur die Gleichungen mit φ_2 bzw. φ_1 multiplizieren und addieren. $\varphi_1 \varphi_2$ wäre also eine Lösung der Gleichung für das Kombinationssystem, welche zum Energiewert $E_1 + E_2$ gehört.

Ich habe vergeblich versucht, für Ihre Gleichung eine derartige Relation aufzustellen.

Es scheint mir auch, daß die Gleichung einen solchen Bau haben müßte, daß die Integrationskonstante der Energie in ihr nicht aufträte, was bei der von mir namhaft gemachten Gleichung auch stimmt, ohne daß ich ihr deshalb physikalische Bedeutung zusprechen möchte, worüber ich nicht genügend nachgedacht habe.

Es grüßt Sie herzlichst Ihr

A. Einstein

Der Gedanke Ihrer Arbeit zeugt von ächter Genialität![1]

---

[1] Dieser Satz ist auf den Seitenrand des Briefes geschrieben, also offensichtlich nach dessen Fertigstellung hinzugefügt worden.

10

Einstein an Schrödinger

22. April 1926

Lieber Herr Kollege!

Ich sehe gerade aus Ihrer ersten Arbeit, daß Sie wirklich die Gleichung

$$\operatorname{div} \operatorname{grad} \psi + \operatorname{konst} (E - \Phi)\, \psi = 0$$

der Betrachtung zugrunde gelegt haben, welche dem Additionstheorem für unabhängige Systeme entspricht. Also war mein Brief überflüssig.

Bei Ihrer gastheoretischen Arbeit[1] sehe ich gegenüber der meinigen in der Basis keinen Unterschied. Denn auch bei Ihnen ist der Zustand (gleicher Wahrscheinlichkeit) durch den Inbegriff der Zahlen n_1, n_2, $n_3 \ldots$ charakterisiert, wobei die Zahlen n_1, n_2 etc. die gleiche Bedeutung haben wie bei mir.

Ich verstehe in Ihrer Darstellung nicht, wieso Sie die letzte Form in (4) benützen dürfen, da diese ja mit der Bedingung $\sum n_i$ konst. nicht vereinbar ist.

Es grüßt Sie bestens Ihr

A. Einstein

---

[1] Ein Briefwechsel über Molekularstatistik war vorausgegangen.

11

SCHRÖDINGER AN EINSTEIN

Zürich, am 23. April 1926

Hochverehrter Herr Professor!

Für ihren so überaus liebenswürdigen Brief vom 16. danke ich Ihnen sehr herzlich. Ihre und Plancks Zustimmung sind mir wertvoller als die einer halben Welt. Übrigens wäre die ganze Sache sicherlich nicht jetzt und vielleicht nie entstanden (ich meine, nicht von meiner Seite), wenn mir nicht durch Ihre zweite Gasentartungsarbeit[1] auf die Wichtigkeit der de Broglie'schen Ideen die Nase gestoßen worden wäre.

Der Einwand in Ihrem letzten Brief macht mich noch froher. Er beruht auf Erinnerungsirrtum. Die Gleichung

$$\operatorname{div}\operatorname{grad}\psi + \frac{E^2}{h^2(E-\Phi)}\,\psi = 0$$

ist tatsächlich *nicht* die meine, sondern meine Gleichung lautet tatsächlich wörtlich genau *so*, wie Sie sie aus den beiden Forderungen der „Additivität" der Quantenniveaus und des Nichtvorkommendürfens des Absolutwertes der Energie freihändig konstruieren:

$$\operatorname{div}\operatorname{grad}\psi + 8\,\pi^2\,\frac{E-\Phi}{h^2}\,\psi = 0.$$

Ihre ganz fundamentalen Forderungen *sind* also erfüllt. Ich bin übrigens für diesen Erinnerungsirrtum sehr dankbar, denn es ist mir durch Ihre Bemerkung eine wichtige Eigenschaft des Formelapparates erst zur bewußten Abhebung gelangt. Außerdem erhöht es stets das Vertrauen zu einer Formulierung, wenn man — und besonders wenn *Sie* dieselbe aus ein paar fundamentalen Forderungen neukonstruieren. —

Mit dem allergrößten Interesse habe ich neulich Ihren Vorschlag zu einem neuen Kohärenzversuch[2] in den Naturwissenschaften ge-

---

[1] A. EINSTEIN, Berliner Berichte 1924, I, 3.
[2] A. EINSTEIN, Naturwissenschaften *14*, 300, 1926.

lesen. Ich bin aber mit dem Überlegen noch immer nicht fertig. Das dauert bei mir immer ein bissel lang. Ich bin nicht ganz sicher, wie Sie sich die Anordnung hinter dem Gitter denken. („Hinter dem Gitter wird das Licht durch eine weitere Linse parallel gemacht...") Ich denke mir das Drahtgitter im Brennpunkt dieser weiteren Linse und alsdann etwa ein Fabry-Perrot'sches Interferometer (planparallele Luftplatte, Ringe gleicher Neigung). Da pflegt man nun zu sagen: jedem Punkt der Lichtquelle entspricht ein Punkt des Ringbildes. Lichtquelle ist das Gitter. Dann kämen also Lichter aus verschiedenen Gitterspalten überhaupt nicht zur Interferenz. Hier liegt nun aber — nach der klassischen Theorie — der einzigartige Fall vor, daß verschiedene Punkte der Lichtquelle in gesetzmäßiger Weise kohärent schwingen. Ich hab mir noch nicht klar gemacht, wie sich das auswirkt. Vielleicht ist aber auch die Anordnung, wie ich sie mir fortgesetzt denke, dumm.

Sehr unterhalten hat mich Ihre reizende Erklärung der Mäanderbildung[1]. Über das „Theetassenphänomen"[2] hatte mich meine Frau zufällig wenige Tage vorher interpelliert, ich wußte aber keine vernünftige Erklärung. Sie sagt, sie wird jetzt nie wieder den Thee umrühren, ohne dabei an Sie zu denken.

Seien Sie, hochverehrter Herr Professor, herzlichst gegrüßt von Ihrem aufrichtig ergebenen

E. Schrödinger

---

[1] Siehe A. EINSTEIN, Naturwissenschaften *14*, 222, 1926.

[2] Es handelt sich um die leicht festzustellende Tatsache, daß die zerstreuten Teeblätter am Boden einer Tasse sich beim Umrühren des Tees in der Mitte versammeln.

12

26. April 1926

Lieber Herr Kollege!

Besten Dank für Ihren Brief. Ich bin überzeugt, daß Sie mit Ihrer Formulierung der Quantenbedingung einen entscheidenden Fortschritt gefunden haben, ebenso wie ich überzeugt bin, daß der Heisenberg-Born'sche Weg abwegig ist. Dort ist dieselbe Bedingung der System-Additivität *nicht* erfüllt.

Ich habe nun Überlegungen gefunden, die die Existenz der elementaren Kugelwelle nahezu ausschließen, sodaß ich ziemlich überzeugt bin, daß der von mir vorgeschlagene Versuch negativ ausfallen wird. Seine prinzipiell einfachste Realisierung ist folgende

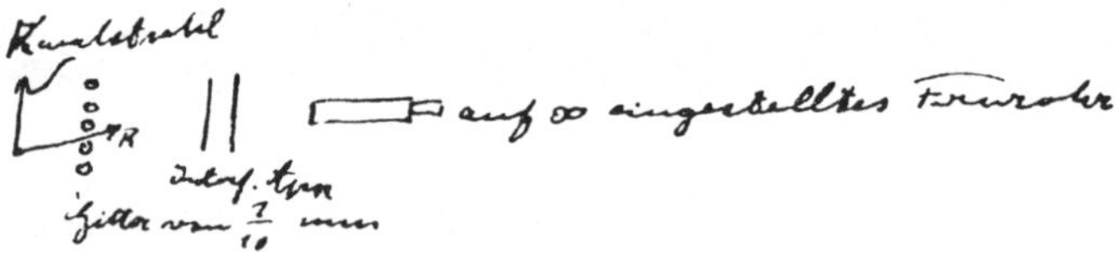

Einer Emissionsrichtung R entspricht ein Punkt in der Fokalebene des Fernrohres. In der Richtung R von einem Teilchen emittierte Strahlen gelangen bzw. gelangen nicht (abwechselnd) ins Fernrohr; bei geeigneter Relation zwischen Teilchengeschwindigkeit und Gangdifferenz müßte die Interferenz aufgehoben sein, was ich aber nicht glaube. Störend wirkt die Beugung am Gitter, aber nicht so stark, daß die Beweiskraft des Experimentes zerstört würde.

Es grüßt Sie freundlich Ihr

A. Einstein

13

Schrödinger an Einstein

Berlin-Grunewald, Cunostraße 44

30. Mai 1928

Sehr verehrter Herr Professor Einstein!

Beiliegend ein Brief von Niels Bohr[1], der am Ende den Wunsch ausspricht, daß auch Sie und Herr Planck von dem Inhalt Kenntnis nehmen mögen. Ich lege auch den Durchschlag meines Briefes bei, nur damit Sie sehen, was den Anstoß zur Diskussion gab. Die Bemerkung über die Unsicherheitsrelation im idealen Gas lautet näher ausgeführt: quanteln wir ein Molekül, das auf der Strecke l hin- und herreflektiert wird, so gibt das $\oint p \, \mathrm{d}x = p \oint \mathrm{d}x = 2\,l\,p = n\,h$;

---

[1] In einem Brief an N. Bohr vom 13. Mai 1928 bedankt sich Schrödinger für einen Sonderdruck des Bohrschen Aufsatzes *Das Quantenpostulat und die neuere Entwicklung der Atomistik*, Naturwissenschaften *16*, 245, 1928. Er macht darauf aufmerksam, daß die Heisenbergsche Ungenauigkeitsrelation unter Umständen die Unterscheidung zwischen benachbarten Quantenzuständen verhindere, und gibt als Beispiele die konjugierten Größen Winkelvariable und Wirkung an sowie die Bewegung eines Moleküls in einem idealen Gase. Er erblickt hierin eine Begrenzung der Anwendbarkeit der *alten* Erfahrungsbegriffe, die durch ein *neues* Begriffssystem ohne Begrenzung ersetzt werden sollten, was allerdings sehr schwierig sein werde.

Bohr erwidert hierauf in einem Brief vom 25. Mai 1928, er sehe keinen Grund, die alten Begriffe aufzugeben, alle Schwierigkeiten könnten durch das Komplementaritätsprinzip behoben werden. Die Bemerkung über die Winkelvariable hält er nicht für stichhaltig, da man es bei der Deutung von Experimenten mit Hilfe des Begriffs der stationären Zustände immer mit solchen Eigenschaften eines Atomsystems zu tun habe, die von Phasenverbindungen über *eine große Anzahl* aufeinanderfolgender Perioden bedingt sind. Die Anwendung der Ungenauigkeitsrelation auf das Molekül in einem Gase verstehe er nicht recht, da ja hier die zur Koordinate konjugierte Impulsgröße keinen eindeutigen Wert habe.

d. h. $p_n = n h/2 l$. *Benachbarte* Quantenwerte des Impulses unterscheiden sich also um so wenig (nämlich nur um $h/2l$), daß ich mir auch
mit der größtmöglichen Unsicherheit in der *Koordinate* ($\Delta x = l$) noch
nicht eine Genauigkeit im *Impuls* erkaufen kann, die mich zwischen
benachbarten Quantenwerten unterscheiden läßt. – Was Bohr am
Ende der dritten Seite über diesen Fall sagt, verstehe ich gar nicht *.

Wenn es Ihnen recht ist, käme ich gern einmal, um über den
Brief zu sprechen, aber Sie haben vielleicht jetzt vor Ihrer Abreise
wenig Zeit und brauchen Schonung?

Mit den besten Grüßen und Empfehlungen von Haus zu Haus

Ihr ganz ergebener

Schrödinger

---

* Das ganze Ebengesagte ist doch schrecklich trivial!

14

EINSTEIN AN SCHRÖDINGER

31. Mai 1928

Lieber Herr Schrödinger!

Ich denke, daß Sie den Nagel auf den Kopf getroffen haben. Die Ausrede mit dem beliebig großen Bereich zyklischer Variabeln zur Einengung der Δp ist zwar sehr geistreich[1]. Aber eine so interpretierte Unsicherheitsrelation erscheint wenig aufklärend. Die Sache ist eben für freie Partikel erdacht und paßt ungezwungen nur dafür. Ihr Verlangen, daß die Begriffe p, q verlassen werden müssen, wenn sie nur so eine „Wackelbedeutung" beanspruchen können, scheint mir ganz gerechtfertigt. Die Heisenberg-Bohr'sche[2] Beruhigungsphilosophie — oder Religion? — ist so fein ausgeheckt, daß sie dem Gläubigen einstweilen ein sanftes Ruhekissen liefert, von dem er nicht so leicht sich aufscheuchen läßt. Also lasse man ihn liegen.

Auf mich wirkt diese Religion aber so verdammt wenig, daß ich trotz allem sage:

Nicht: E und ν
sondern: E oder ν;

und zwar: *nicht* ν, sondern E (hat letzten Endes Realität). Aber mathematischen Vers kann ich mir keinen darauf machen. Mein Gehirn ist auch schon zu abgeleiert. Wenn Sie mir die Freude Ihres Besuches wieder einmal machen wollen, wird es brav von Ihnen und sehr schön für mich sein.

Bestens grüßt Sie Ihr

A. Einstein

---

[1] Siehe die Anmerkung zu Brief Nr. 13, S. 27.

[2] Über die Diskussionen zwischen EINSTEIN und BOHR siehe die Darstellung BOHRS in seinem Buche *Atomphysik und menschliche Erkenntnis*, Braunschweig 1958, S. 32.

15

SCHRÖDINGER AN EINSTEIN

La Panne (Belgique), 7, Sentier des Lapins
19. Juli 1939

Lieber Einstein!

. . . .

Eine holländische Zeitung brachte vor ein paar Monaten einen vergleichsweise intelligent klingenden Bericht, daß Du über den Zusammenhang von Gravitation und Materiewellen etwas Wichtiges herausgebracht habest. Das würde mich schrecklich interessieren, weil ich eigentlich schon lange glaube, daß die ψ-Wellen mit Wellen der Störung des Gravitationspotentials zu identifizieren sind – natürlich nicht mit den zuerst von Dir studierten, sondern mit solchen, die wirkliche Masse führen, d. h. ein nichtverschwindendes T_{ik}. D. h. ich glaube, man hat in die abstrakte allgemeine Relativitätstheorie, welche die T_{ik} noch als „asylum ignorantiae" enthält (um Deinen eigenen Ausdruck zu gebrauchen), die Materie nicht als Massenpunkte oder dergleichen, sondern, sagen wir etwa, als gequantelte Gravitationswellen einzuführen. Ich habe viel darüber gerechnet, aber wenig darüber herausgebracht, außer, daß der § 13.7 in Eddingtons Buch „Proton und Elektron", der mich sehr fasziniert hatte, falsch ist. Aber in diesem geistvollen Buch große Unrichtigkeiten zu finden, ist leider nicht sehr schwer.

Schade, daß ich so viel von diesem Brief mit meinen uninteressanten persönlichen Dingen füllen mußte, aber schreiben (ich meine über solche Sachen wie die zuletzt gesagten) ist ja überhaupt so schrecklich schwer.

Wenn Dich dieser Brief in Deinem Segelboot erreicht, wünsche ich Dir dort viel Ruhe und Behagen. Ich habe es hier an der lieben belgischen Küste und bei den lieben, kindlich frohen Menschen eigentlich unerhört gut. Wenn man bloß noch etwas leichtsinniger

sein und weniger daran denken könnte, was aus einem selber werden
wird. Ferien sind schön, aber Ferien, von denen man *kein* be-
stimmtes Ende absieht, sind eine komische Sache.

Sei herzlich gegrüßt

von Deinem aufrichtig ergebenen

E. Schrödinger

16

EINSTEIN AN SCHRÖDINGER

Einstein an Schrödinger

Peconic[1], 9. VIII. 1939

Lieber Schrödinger!

. . . .

Nun zur Physik. Ich bin nach wie vor überzeugt, daß die Wellendarstellung der Materie eine unvollständige Darstellung des Sachverhaltes ist, so sehr sie sich auch als praktisch nützlich erwiesen hat. Am hübschesten zeigt dies Deine Katzen-Betrachtung[2] (radioaktiver Zerfall mit daran gekoppelter Explosion). Teile der ψ-Funktion entsprechen der lebendigen, andere der pulverisierten Katze bei festgehaltener Zeit.

Versucht man, die ψ-Funktion als die vollständige Beschreibung eines Zustandes (unabhängig von der Beobachtung) aufzufassen, so bedeutet dies, daß in dem betrachteten Zeitpunkt die Katze weder lebendig noch pulverisiert ist. Der eine oder andere Umstand würde aber durch eine Beobachtung realisiert.

Wenn man diese Auffassung verwirft, so muß man annehmen, daß die ψ-Funktion keinen wirklichen Sachverhalt, sondern den Inbegriff unseres Wissens in bezug auf einen Sachverhalt ausdrückt. Dies ist die Born'sche[3] Interpretation, die wohl die meisten Theoretiker heute teilen. Dann beziehen sich aber die formulierbaren Naturgesetze nicht auf die zeitlichen Änderungen eines Bestehenden, sondern auf die zeitlichen Änderungen des Inbegriffes unserer berechtigten Erwartungen.

----

[1] Point Peconic, Long Island, U. S. A.

[2] Das witzige Gedankenexperiment mit der „verschmierten Katze" ist beschrieben in SCHRÖDINGERS Abhandlung über den damaligen Stand der Quantentheorie in den Naturwissenschaften *23*, 1935, auf S. 812.

[3] Zu M. BORNS Stellungnahme zur Wellenmechanik siehe seinen Aufsatz *Die Interpretation der Quantenmechanik* in seinem Buche *Physik im Wandel meiner Zeit*, Braunschweig 1957, S. 132.

32

A. Einstein

Beide Standpunkte sind logisch einwandfrei; aber ich bin nicht imstande zu glauben, daß einer dieser Standpunkte sich schließlich bewähren wird.

Es gibt auch noch den Mystiker, der ein Fragen nach etwas unabhängig vom Beobachteten Existierenden, d. h. die Frage, ob die Katze zur betrachteten Zeit vor einer Beobachtung lebendig ist oder nicht, überhaupt als unwissenschaftlich verbietet (Bohr). Dann fließen beide Auffassungen in einen weichen Nebel zusammen, in dem ich mich aber auch nicht besser fühle als in einer der vorgenannten Auffassungen, die zum Realitäts-Begriff Stellung nehmen.

Ich bin nach wie vor davon überzeugt, daß diese ganze merkwürdige Situation dadurch herbeigeführt ist, daß wir noch nicht die vollständige Beschreibung des Sachverhaltes erreicht haben.

Allerdings gebe ich zu, daß eine derartig vollständige Beschreibung nicht in ihrer Gänze im Einzelfall beobachtbar wäre; aber dies kann man auch vernünftigerweise gar nicht verlangen. —

Ich schreibe Dir dies nicht in der Illusion, Dich zu überzeugen, sondern in der einzigen Absicht, Dich meinen Standpunkt verstehen zu lassen, der mich tief in die Einsamkeit geführt hat. Ich habe es auch bis zu einer wirklichen mathematischen Theorie gebracht, deren Prüfung aber naturgemäß recht schwierig ist. —

Herzlich grüßt Dich Dein

A. Einstein

SCHRÖDINGER AN EINSTEIN

Innsbruck, Innrain 55   18. November 1950

Lieber Einstein!

Mir kommt vor, daß mit dem Begriff „Wahrscheinlichkeit" heute vielfach Schindluder getrieben wird. Wahrscheinlichkeit hat doch zum Inhalt eine Äußerung darüber, ob etwas *ist* oder *nicht ist*, allerdings eine zweifelnde Äußerung. Die hat aber doch auch bloß Sinn, wenn man allerdings überzeugt ist, daß das betreffende Etwas ganz sicher entweder *ist* oder *nicht ist*. Eine Wahrscheinlichkeitsaussage setzt volle Realität ihres Gegenstandes voraus. Kein vernünftiger Mensch wird eine Vermutung darüber äußern, ob auf Caesars Würfel am Rubicon eine Fünf zu oberst lag. Die Quantenmechaniker tun manchmal so, als wären W.-Aussagen *gerade* auf Ereignisse mit verschwommener Realität anzuwenden.

Die Vorstellung einer wirklich existierenden Welt gründet sich auf die weitgehende Gemeinsamkeit der Erfahrungen vieler Individuen, ja aller Individuen, die in dieselbe oder eine ähnliche Situation gegenüber dem betreffenden Objekt kommen. Statt „Gemeinsamkeit" sollte man vielleicht sagen „Auf einfache Art einander transformierbar". Dieses eigentliche Fundament der Wirklichkeit wird von den Positivisten als trivial beiseite gesetzt, wenn sie immer nur davon reden wollen, daß „ich", wenn „ich" eine Messung mache, dies oder das „finden" werde. (Und das soll die einzige Realität sein.)

Mir kommt vor, daß das, was ich die Konstruktion einer wirklich existierenden Außenwelt nenne, sich mit dem deckt, was Du Beschreibbarkeit des einmaligen individuellen Sachverhaltes nennst — so verschieden auch der Wortlaut ist. Denn bloß dadurch, daß sie uns verbieten, zu fragen, was „*ist*", das heißt welcher Sachverhalt im Einzelfall wirklich vorliegt, gelingt es den Positivisten, uns mit einer Art Kollektivbeschreibung abzufinden. Sie beschuldigen uns einer

metaphysischen Häresie, wenn wir an dieser „Wirklichkeit" festhalten
wollen. Dem wäre zu entgegnen, daß uns die metaphysische Bedeutung dieser Wirklichkeit vollkommen wurst ist. Sie ergibt sich uns
sozusagen als Schnittgebilde der Feststellung vieler, ja aller denkbaren
Einzelbeobachter. Sie ist eine denkökonomische Zusammenfassung
ihrer Befunde, welche beziehungslos auseinanderfallen würden, wenn
wir diese Denkmethode aufgeben wollten, bevor wir einen Ersatz gefunden haben, der mindestens dasselbe leistet. Die heutige Quantenmechanik liefert keinen Ersatz. Sie ist sich der Aufgabe gar nicht
bewußt, sie geht daran in munterer Unbefangenheit vorbei.

Wohl aber verlangt sie mit Recht eine Umgestaltung des Bildes
der wirklichen Welt, wie es sich in den letzten 300 Jahren, seit dem
Wiedererwachen der Physik, auf der grundlegenden Entdeckung
von Galilei und Newton aufgebaut hat, daß die Körper aneinander
Beschleunigungen bestimmen. Man wurde ihr gerecht, indem man einfach nebst dem Ort auch die Geschwindigkeit als momentane Eigenschaft von irgendetwas Wirklichem erklärte. Das ging so eine Weile.
Und nun scheint es nicht mehr zu gehen. Man muß also 300 Jahre
zurückgehen und sich überlegen, wie man es damals hätte anders
machen können und wie das die ganze nachfolgende Entwicklung
modifiziert. Kein Wunder, daß uns das in maßlose Verwirrung ver-
setzt!

Mit herzlichen Grüßen

Dein

E. Schrödinger

18

22. XII. 1950

Lieber Schrödinger!

Du bist (neben Laue) unter den zeitgenössischen Physikern der Einzige, der sieht, daß man um die Setzung der Wirklichkeit nicht herumkommen kann — wenn man nur ehrlich ist. Die meisten sehen gar nicht, was sie für ein gewagtes Spiel mit der Wirklichkeit treiben — Wirklichkeit als etwas von dem Konstatierten Unabhängiges. Sie glauben irgendwie, daß die Quantentheorie eine Beschreibung der Wirklichkeit leiste, und zwar eine *vollständige* Beschreibung; diese Auffassung wird aber am hübschesten durch Dein System radioaktives Atom + Geigerzähler + Verstärker + Pulverladung + Katze in einer Kiste widerlegt, indem die ψ-Funktion des Systems die Katze sowohl lebend als auch in ihre Bestandteile aufgelöst enthält. Soll der Zustand der Katze erst durch den Physiker erzeugt werden, der die Sache zu einer bestimmten Zeit untersucht? In Wahrheit zweifelt aber niemand daran, daß das Vorhandensein oder Nichtvorhandensein der Katze etwas vom Akt des Beobachtens Unabhängiges ist. Dann ist aber die Beschreibung durch die ψ-Funktion eben unvollständig, und es muß eine vollständigere Beschreibung geben. Wenn man die Quantentheorie als (im Prinzip) endgültig ansehen will, so muß man glauben, daß eine vollständigere Beschreibung zwecklos wäre, weil es für sie keine Gesetze gäbe. Wenn es so wäre, dann würde die Physik nur mehr für Krämer und Ingenieure Interesse beanspruchen können; das ganze wäre ein trauriges Pfuschwerk.

Du betonst nun ganz richtig, daß die vollständige Beschreibung nicht auf den Begriff der Beschleunigung aufgebaut werden kann und — wie mir scheint — ebensowenig auf den Teilchenbegriff. Es bleibt also von unserem Handwerkzeug nur der Feldbegriff übrig; aber der Teufel weiß, ob dieser standhalten wird. Ich denke, es lohnt sich, an diesem, d. h. am Kontinuum festzuhalten, solang man keine wirklich stichhältigen Gründe dagegen hat.

Mir aber erscheint sicher, daß der im Prinzip statistische Charakter der Theorie einfach eine Folge der Unvollständigkeit der Beschreibung ist. Damit ist nichts gesagt über den deterministischen Charakter der Theorie; das ist nämlich ein ganz nebuloser Begriff, solange man nicht weiß, wieviel gegeben sein muß, um den „Anfangszustand" („Schnitt") zu bestimmen.

Es ist einigermaßen hart, zu sehen, daß wir uns immer noch im Stadium der Wickelkinder befinden, und es ist nicht verwunderlich, daß sich die Kerle dagegen sträuben, es zuzugeben (auch sich selber).

Beste Grüße
Dein
A. Einstein

BRIEFWECHSEL
SCHRÖDINGER — LORENTZ

19

Lorentz an Schrödinger

Haarlem, den 27. Mai 1926

Sehr geehrter Herr Kollege!

Endlich komme ich dazu, Ihr Schreiben zu beantworten und Ihnen für die freundliche Zusendung der Probebogen Ihrer drei Mitteilungen, die ich alle richtig erhalten habe, bestens zu danken. Die Lektüre derselben ist mir ein wahrer Genuß gewesen. Allerdings ist für ein endgültiges Urteil die Zeit noch nicht gekommen und besteht, wie mir scheint, noch manche Schwierigkeit, auf die ich sogleich zu sprechen komme. Aber sogar wenn es sich zeigen sollte, daß man auf diesem Wege nicht zu einer befriedigenden Lösung gelangen kann, so wird man doch den Scharfsinn bewundern, der aus Ihren Überlegungen spricht, und hoffen dürfen, daß Ihre Bemühungen wesentlich dazu beitragen werden, tiefer in diese geheimnisvollen Dinge einzudringen.

Ganz besonders hat mir die Art und Weise gefallen, wie Sie die geeigneten Matrizen wirklich konstruieren und zeigen, daß dieselben den Bewegungsgleichungen genügen. Damit fällt ein Bedenken, das die Arbeiten von Heisenberg, Born und Jordan sowie von Pauli bei mir erregt hatten; nämlich, daß ich nicht klar sehen konnte, daß z. B. in dem Fall des H-Atoms eine Lösung der Bewegungsgleichungen wirklich angegeben werden kann. Mit Ihrer feinen Bemerkung, daß die Operatoren q und $\frac{\partial}{\partial q}$ in ähnlicher Weise miteinander vertauschbar, oder nicht vertauschbar sind wie in der Matrizenrechnung die q und die p, ist mir hier ein Licht aufgegangen. Immerhin bleibt es ein Wunder, daß man Gleichungen, in welchen die q und die p ursprünglich Koordinaten und Impulse bedeuten, genügen kann, wenn man unter diesen Größen Dinge versteht, die eine ganz andere Bedeutung haben und an jene Koordinaten und Momente nur noch von fern erinnern. Müßte ich nun zwischen Ihrer Undulationsmechanik und der

41

Matrizenmechanik wählen, so würde ich, wegen der größeren Anschaulichkeit, der ersteren den Vorzug geben, so lange man es nur mit drei Koordinaten x, y, z zu tun hat. Bei einer größeren Zahl von Freiheitsgraden kann ich aber die Wellen und Schwingungen im q-Raum nicht physikalisch deuten und dann müßte ich mich also für die Matrizenmechanik entscheiden. Ihre Betrachtungen haben aber auch für diesen Fall den Vorteil, daß sie uns der wirklichen Lösung der Gleichungen näherbringen; das Problem der Eigenwerte ist prinzipiell für einen höher dimensionierten q-Raum dasselbe wie für einen dreidimensionalen Raum.

Es gibt übrigens noch einen Punkt, in dem mir Ihre Betrachtungen der Matrizenmechanik überlegen zu sein scheinen. Die Erfahrung macht uns mit Fällen bekannt, wo ein Atom während einer gewissen Zeit in einem seiner stationären Zustände besteht, und oft haben wir es mit ganz bestimmten Übergängen aus einem solchen Zustand in einen anderen zu tun. Wir brauchen also die Möglichkeit, uns die stationären Zustände, jeden einzeln, vorzustellen und dieselben theoretisch zu untersuchen. Eine Matrix ist nun die Zusammenfassung aller möglichen Übergänge und man kann sie gar nicht in Stücke zerlegen. Dagegen spielen in Ihrer Theorie die den verschiedenen Eigenwerten E entsprechenden Zustände jeder seine eigene Rolle.

Gestatten Sie mir jetzt einige Bemerkungen, in welchen Sie freilich wohl nicht viel Neues finden werden.

1. In Ihrer Wellengleichung (ich beschränke mich auf das H-Atom)

$$\Delta \psi + \frac{8\pi^2 m}{h^2}\left(E + \frac{e^2}{r}\right)\psi = 0 \tag{1}$$

ist E eine von den Koordinaten unabhängige Konstante; es gibt ebenso viele Wellenprobleme, wie es Energiewerte E gibt, und zwar kommen hierbei im besonderen die Eigenwerte E in Betracht, da nur mit diesen den Randbedingungen genügt werden kann. Ihre Berechnung der Eigenwerte* zeigt, daß man unter E die Energie des Elektrons verstehen muß, in dem Sinne, daß man die Energie gleich Null setzt, wenn das Elektron sich ohne Geschwindigkeit in unendlicher Entfernung vom Kern befindet. Anders gesagt, $E + \frac{e^2}{r}$ ist in irgend

---

* Es ist sehr schön, daß Sie diese Berechnung haben durchführen können und daß Sie dabei zu den von der Balmerschen Formel verlangten Werten gekommen sind.

einem Punkte x, y, z, die kinetische Energie, welche das Elektron bei vorgeschriebenem E haben würde, wenn es sich in jenem Punkte befände. Dieser kinetischen Energie entspricht die Geschwindigkeit

$$u = \sqrt{\frac{2}{m}\left(E + \frac{e^2}{r}\right)} \tag{2}$$

2. Da die Gleichung (1) keine Differentialquotienten nach der Zeit enthält, so kann man aus ihr nur die Wellenlänge in einem bestimmten Punkte ableiten; man hat nämlich

$$\frac{1}{\lambda} = \frac{1}{b}\sqrt{2\,m\left(E + \frac{e^2}{r}\right)} \tag{3}$$

veränderlich von Punkt zu Punkt.

Die Fortpflanzungsgeschwindigkeit W der Wellen, und die mit ihr durch die Relation

$$W = \nu\,\lambda \tag{4}$$

verbundene Frequenz ν kann man aus (1) gar nicht ableiten. Hier bleibt eine gewisse Willkür bestehen.

Nun ist aber ein Grundgedanke Ihrer Theorie (und ein sehr schöner), daß die Geschwindigkeit des Elektrons u der „Gruppengeschwindigkeit" gleich sein soll. Dies erfordert die Beziehung

$$\frac{1}{u} = \frac{\mathrm{d}}{\mathrm{d}\nu}\left(\frac{\nu}{w}\right) \tag{5}$$

und wenn man diese in den Vordergrund setzt, so gelingt auch die Bestimmung von ν und w.

Zur Gleichung (5) ist erstens zu bemerken, daß wir uns ν, w und u sämtlich positiv denken wollen, und zweitens, daß in einem bestimmten Punkte λ, u (und w), wie aus (2) und (3) hervorgeht, sich mit ν ändern können, weil diese Größe irgendwie mit E zusammenhängt. Bei der in (5) vorkommenden Differentiation nach ν muß man dann aber die Eigenwerte E verlassen. Dagegen scheint nichts zu sein; man kann sich sehr gut Zustände vorstellen (laufende Wellen), die wohl der Wellengleichung, aber nicht allen Randbedingungen genügen.

Aus (4) und (5) folgt

$$\frac{1}{u} = \frac{\mathrm{d}}{\mathrm{d}\nu}\left(\frac{1}{\lambda}\right)$$

also

$$\sqrt{\frac{m}{2\left(E + \frac{e^2}{r}\right)}} = \frac{1}{b}\,\frac{\mathrm{d}}{\mathrm{d}\nu}\sqrt{2\,m\left(E + \frac{e^2}{r}\right)}$$

$$\nu = \frac{1}{b}\left(E + \frac{e^2}{r} + \text{const}\right)$$

Da „const" sagen will unabhängig von E, so können wir für die Konstante setzen $E_0 - \frac{e^2}{r}$, wo E_0 nicht nur unabhängig von E, sondern auch von x, y, z ist. Also

$$\nu = \frac{1}{b}\left(E_0 + E\right) \tag{6}$$

Damit ist der Bedingung genügt, daß die Frequenz an allen Stellen des Feldes die gleiche sein soll. Ferner wird nach (3) und (4)*

$$w = \frac{E_0 + E}{\sqrt{2\,m\left(E + \frac{e^2}{r}\right)}} \tag{7}$$

3. Ihre Vermutung, daß die Umwandlung, welche unsere Dynamik wird erfahren müssen, dem Übergange von Strahlenoptik zu Wellenoptik ähnlich sein wird, klingt sehr verlockend, aber ich habe doch Bedenken dagegen.

Wenn ich Sie recht verstanden habe, so wäre ein „Teilchen", ein Elektron z. B. einem „Wellenpaket" vergleichbar, das sich mit der Gruppengeschwindigkeit fortbewegt.

Aber ein Wellenpaket kann nie auf die Dauer zusammenhalten und auf einen kleinen Raum beschränkt bleiben. Die geringste Dispersion des Mittels wird es in der Fortpflanzungsrichtung auseinanderziehen und, abgesehen von jeder Dispersion, wird es sich in der Querrichtung immer mehr verbreitern („Diffraktion"). Wegen dieser unvermeidlichen Verwischung scheint mir ein Wellenpaket wenig geeignet, Dinge zu repräsentieren, denen wir eine einigermaßen dauerhafte individuelle Existenz zuschreiben wollen.

---

* Ist $E_0 + E$ negativ, so kann man setzen

$$\nu = -\frac{1}{b}\left(E_0 + E\right), \qquad w = -\frac{E_0 + E}{\sqrt{2\,m\left(E + \frac{e^2}{r}\right)}}$$

(beides positive Größen), aber der Gleichung (5) wird dann genügt durch

$$u = -\sqrt{\frac{2}{m}\left(E + \frac{e^2}{r}\right)} \quad \text{(negativ)}.$$

Die Wellengeschwindigkeit w und die Gruppengeschwindigkeit u hätten in diesem Fall entgegengesetzte Richtung.

Wie Sie selbst bemerken, ist nun im Felde des H-Atoms die in Rede stehende Verwischung weit fortgeschritten. Ein Wellenpaket kann nur dann auf längere Zeit zusammenhalten, wenn seine Dimensionen groß gegen die Wellenlänge sind. Da nun aber die durch (3) bestimmte Wellenlänge von der Größenordnung der Bohr'schen Ellipsenbahnen ist, so kann von einem Wellenpaket, klein im Vergleich mit den Dimensionen einer solchen Ellipse und sich entlang dieser Linie bewegend, keineswegs die Rede sein.

Sie können natürlich, indem Sie der Konstanten E in (6) und (2) einen hohen positiven Wert beilegen (man kann an $E = m c^2$ denken) zu beliebig hohen Frequenzen ν mit entsprechend großer Fortpflanzungsgeschwindigkeit w gelangen*, aber an der durch (3) gegebenen Wellenlänge können Sie nichts ändern.

4. Wenn wir uns dazu entschließen, das Elektron sozusagen ganz aufzulösen und durch ein Wellensystem zu ersetzen, so hat das einen Nachteil und einen Vorteil.

Der Nachteil, und zwar ein schwerwiegender, ist dieser: was wir von dem Elektron des Wasserstoff-Atoms annehmen, müssen wir wohl auch von allen Elektronen in allen Atomen voraussetzen; wir müssen sie alle durch Wellensysteme ersetzen. Wie soll ich dann aber die Erscheinungen der Photo-Elektrizität und das Entweichen von Elektronen aus erhitzten Metallen verstehen? Hier kommen die Teilchen ganz nett und unversehrt zum Vorschein; wie haben sie sich wieder, einmal aufgelöst, zusammenballen können?

Ich will hiemit nicht sagen, daß es nicht im Inneren der Atome manche Metamorphosen geben könnte. Will man sich vorstellen, daß die Elektronen nicht immerfort kleine Planeten sind, die um den Kern herumkreisen, und kann man mit einer solchen Vorstellung

---

* Setzt man $E = m c^2$, und nach der gewöhnlichen Formel $m = \dfrac{2}{3}\dfrac{e^2}{e^2 R}$ (R Radius des Elektrons), und versteht man ferner unter E die Energie in einer Bohr'schen Kreisbahn vom Radius r, so daß $E = -\dfrac{1}{2}\dfrac{e^2}{r}$ ist, so wird

$$w = c \left[\sqrt{\frac{2}{3}\frac{r}{R}} - \sqrt{\frac{3}{8}\frac{R}{r}} \right]$$

Da $r \gg R$, so wird $w \gg c$. Natürlich ist nichts dagegen, da es sich hier um etwas ganz anderes als die gewöhnliche Fortpflanzung elektromagnetischer Wellen handelt.

etwas erreichen, so habe ich nichts dagegen. Aber wenn wir den Elektronen gerade ein Wellenpaket als Vorbild stellen, so verschließen wir denselben den Weg zur Wiederherstellung. Denn es ist wohl viel verlangt, daß ein Wellenpaket, einmal verwischt, sich wieder zusammenballen soll.

Der Vorteil, von dem ich sprach, besteht in folgendem: Bestände noch immer das in einem Kreise oder einer Ellipse herumlaufende Elektron, so würde man erwarten, daß in der Wellengleichung (1) (ich fasse nämlich einen Punkt ins Auge, wo das Elektron sich nicht gerade befindet) nicht nur das von dem Kernfelde abhängige Glied $\frac{e^2}{r}$, sondern auch ein ähnliches Glied, das sich auf das elektrische Feld des Elektrons bezieht, vorkommen wird. Das eine Feld ist so gut wie das andere und sie sind von gleicher Größenordnung. Änderte man aber Gl. (1) in dieser Weise, so würde die Berechnung der Eigenwerte von E hinfällig und ergäben sich unsägliche Komplikationen. Ist das Elektron als solches nicht mehr da, so kann man schon eher damit zufrieden sein, daß in der Gleichung nur das von der Kernladung herrührende Glied vorkommt.

5. Wir wollen jetzt Bohr's stationäre Zustände mit den Energien E_1, E_2 usw. durch „stationäre Wellensysteme" mit den Frequenzen

$$\nu_1 = \frac{1}{h}(E_0 + E_1), \qquad \nu_2 = \frac{1}{h}(E_0 + E_2) \quad \text{usw.} \tag{8}$$

ersetzen. Indem Sie dem Gliede E einen hohen positiven Wert geben, können Sie erreichen, daß diese Grundfrequenzen so hoch liegen, daß sie sich in keiner Weise bemerkbar machen können (Sie können auch annehmen, daß sie unfähig sind zu strahlen, d. h. daß zunächst zwischen dem Felde, in welchem die entsprechenden Wellensysteme bestehen, und dem gewöhnlichen elektromagnetischen Felde, obgleich beide denselben Raum füllen, gar kein Zusammenhang besteht). Die beobachteten Strahlungen haben die Frequenzen

$$\nu_i - \nu_k = \frac{1}{h}(E_i - E_k)$$

und es fragt sich, wie hiervon Rechenschaft gegeben werden kann. Hier bieten Sie uns zwei Wege, den der Schwebungen und den der Kombinationstöne.

Von dem ersten läßt sich nicht viel sagen. Gesetzt, man kannte die fundamentalen Gleichungen, aus welchen die Wellengleichung (1) hervorgeht, ich meine die eigentlichen „Bewegungsgleichungen", die noch kein E, aber dafür Differentialquotienten nach der Zeit erhalten.

Auch wenn diese Fundamentalgleichungen linear sind, so würde die Superposition zweier Lösungen $\psi_1 = a_1 \cos(2\,\pi\,\nu_1\,t + b_1)$ und $\psi_2 = a_2 \cos(2\,\pi\,\nu_2\,t + b_2)$ zu Schwebungen führen; kein Instrument (Resonator, Gitter), in dem alles nach linearen Gleichungen vor sich geht, würde aber auf diese Schwebungen wie auf Schwingungen von der Frequenz $\nu_1 - \nu_2$ reagieren. Immerhin kann man sich denken, obgleich der Vorgang vorläufig im Dunkeln bleibt, daß in irgend einer Weise eine Schwingung (mit Ausstrahlung) zustande kommt, von der Periode, die der Frequenz der Intensitätsmaxima entspricht.

Die Entstehung von Kombinationsschwingungen läßt sich etwas näher beleuchten. Zunächst ist dafür nötig, daß die Fundamentalgleichungen nicht linear sind, aber das ist denn auch hinreichend. Enthält z. B. eine Fundamentalgleichung ein Glied mit ψ^2, und bestehen zu gleicher Zeit die soeben mit ψ_1 und ψ_2 angedeuteten Schwingungen, so tritt infolgedessen ein Glied mit

$$2\,\psi_1\,\psi_2 = a_1\,a_2 \cos[2\,\pi\,(\nu_1 - \nu_2)\,t + b_1 - b_2] + {} \\ {} + a_1\,a_2 \cos[2\,\pi\,(\nu_1 + \nu_2)\,t + b_1 + b_2] \tag{9}$$

auf, wo die erste Größe eben den Differenzton vorstellt. Freilich, um dann ganz klar einzusehen, wie dieser zur Ausstrahlung gelangt, hätte man sich über den Zusammenhang des schwingenden Systems mit dem elektromagnetischen Felde Rechenschaft zu geben. Was den in (9) angezeigten Summationston betrifft, so kann man annehmen, daß er sich wegen seiner hohen Frequenz $\nu_1 + \nu_2$ nicht bemerkbar machen kann.

Man kann übrigens, wenn man sich der Kombinationsschwingungen bedient, auch die Absorption ziemlich gut verstehen, was wohl schwer halten würde, wenn man die Lichterscheinungen auf Schwebungen zurückführen wollte.

Gesetzt, es bestehe in dem Atom bereits der erste Schwingungszustand $\psi_1 = a_1 \cos(2\,\pi\,\nu_1\,t + b_1)$ und es wirke nun (einfallendes Licht) eine Kraft von der Frequenz $\nu_2 - \nu_1$. Diese kann (wenn auch nicht durch *kräftige* Resonanz) Schwingungen wie $\psi' = {} = a' \cos[2\,\pi\,(\nu_2 - \nu_1)\,t + b']$ erregen. Infolgedessen wird in dem Gliede mit ψ^2 der Fundamentalgleichung die Größe

$$2\,\psi_1\,\psi' = a_1\,a' \cos[2\,\pi\,\nu_2\,t + b_1 + b'] + {} \\ {} + a_1\,a' \cos[2\,\pi\,(2\,\nu_1 - \nu_2)\,t + b_1 - b']$$

auftreten, und man kann die beiden Teile, aus denen sie besteht, als den Ausdruck für gewisse schwingungserregende Kräfte mit den

Frequenzen ν_2 und $2\,\nu_1 - \nu_2$ betrachten. Von diesen kann die erstere, da ihre Frequenz mit der der zweiten Eigenschwingung übereinstimmt, das System ins Mitschwingen (in der Form dieser Eigenschwingung) versetzen, und hierauf wird schließlich ein Teil der Energie des einfallenden Lichtes verwendet. Die Kraft mit der Frequenz $2\,\nu_1 - \nu_2$ kann unwirksam bleiben, weil sie keiner eigenen Schwingung des Systems entspricht.

Natürlich könnte man Betrachtungen dieser Art eventuell weiter auszuführen versuchen.

Was mir an diesen Auffassungen der Strahlung als durch Kombinationsschwingungen hervorgebracht, wenig gefällt, das ist, daß die Strahlung als etwas Nebensächliches betrachtet wird, als etwas, das von Gliedern in den Fundamentalgleichungen herrührt, die man in erster Annäherung [bei Ableitung der Wellengleichung (1)] sogar vernachlässigt. Ist es eigentlich nicht viel einfacher, wenn man sich an Bohr's stationäre Zustände hält und dann etwa annimmt, daß ein Planck'scher Vibrator von der Frequenz $\nu_2 - \nu_1$ vorhanden ist (das Atom könnte sich in einen solchen verwandeln), endlich daß dieser bei dem Quantensprunge $2 \to 1$ die Energie $h\,(\nu_2 - \nu_1)$ aufnimmt und diese dann ruhig ausstrahlt?

6. Ich darf vielleicht hinzufügen, daß mein Landsmann V. A. Julius[1] vor vielen Jahren (als man die Spektralgesetze noch nicht kannte) bemerkte, daß es in den linienreichen Spektren viele Linienpaare gibt, für welche $\Delta\nu$ nahe gleich ist. Eine Wahrscheinlichkeitsberechnung (ähnlich wie die welche gedient hatte um zu beweisen, daß die Doppelsterne nicht zufällige scheinbare Annäherungen sind) hat ihm dann gezeigt, daß die Zahl der Differenzen $\Delta\nu$, die um weniger als eine bestimmte Größe ε voneinander verschieden sind, viel größer ist, als man nach den Gesetzen des Zufalls erwarten dürfte. Nachdem er hiemit die Realität der Gleichheiten $\Delta\nu = \Delta'\nu = \Delta''\nu = \ldots$ bewiesen hatte, kam er auf den Gedanken, es möchten viele Spektrallinien von Kombinationsschwingungen herrühren.

Später hat Rayleigh einmal die Bemerkung gemacht, daß man das einfache Auftreten in den Spektralformeln von der *ersten* Potenz der Frequenzen (während dynamische Gesetze vielmehr auf ν^2 führen) vielleicht als eine Andeutung kinematischer Beziehungen betrachten kann.

---

[1] Victor August Julius, seit 1896 Professor der theoretischen Mechanik und mathematischen Physik in Utrecht, gestorben 1902.

Nach allen diesen Bemühungen habe ich es als eine wirkliche Vereinfachung empfunden, als Bohr zeigte, daß jede ausgestrahlte Frequenz mit einer bestimmten Energiedifferenz zusammenhängt, wodurch die allgemeine Struktur der Spektralformeln sofort klar wird. So habe ich einigermaßen den Geschmack für die Erklärung aus Kombinationsschwingungen verloren, aber ich kann ihn ja wiedergewinnen, wenn es sonst mit Ihrer Theorie gut geht.

7. Eine wirkliche Schwierigkeit, was die Kombinationsschwingungen betrifft, finde ich aber in den energetischen Verhältnissen. Was die Energie der stationären Wellensysteme betrifft, kann man zunächst, da man über die Amplitude frei verfügen kann, jede beliebige Annahme machen, auch wenn man bereits Gl. (6) für die Frequenz angenommen hat. Indes liegt es auf der Hand, wenn man Bohr's stationäre Zustände durch die stationären Wellensysteme ersetzt, zwischen diesen bestimmte Energiedifferenzen anzunehmen. Die Tatsache, daß bestimmte Energiebeträge (bei Elektronenstoß) erforderlich sind, um gewisse Strahlungserscheinungen hervorzurufen, zeigt wohl, daß die „Energiestufen" in Wirklichkeit bestehen, und wenn wir die umlaufenden Elektronen nicht mehr haben, so müssen wir wohl die bestimmten Energiewerte in den einzelnen stationären Wellensystemen suchen. Das Einfachste wird sein, diesen die Energiewerte

$$E_0 + E_1, \ E_0 + E_2, \ E_0 + E_3, \ \text{usw.} \tag{10}$$

zuzuschreiben. Hier sind E_1, E_2, E_3 ... die Bohr'schen Energienwerte (oder auch die Eigenwerte in der Wellengleichung), während man E_0 mit dem E_0 in (6) identifizieren, oder wenn man das vorzieht, als von letzterem verschieden betrachten kann. Jedenfalls hat man wohl Grund, den Bohr'schen Energiewerten einen für alle Wellensysteme gleichen Betrag E_0, und zwar einen positiven hinzuzufügen. Die Werte E_1, E_2 usw. sind ja negativ, und es ist natürlich, uns die Energie eines Wellensystems als eine positive Größe vorzustellen.

Nimmt man nun an, daß die Wellensysteme *nur* mit den Energienwerten (10) bestehen können (daß sie also nur vorgeschriebene Amplituden haben können), so entsteht eine Schwierigkeit.

Gesetzt, der Zustand 1 sei der „natürliche", in dem das sich selbst überlassene Atom sich befindet, und welcher der tiefsten Energiestufe entspricht, und denken wir uns ferner, daß die Strahlung mit der Frequenz $\nu_3 - \nu_2 = \frac{1}{b}(E_3 - E_2)$ hervorgerufen werden

soll. Nach Bohr müssen wir dann zunächst das Atom auf die Energiestufe 3 bringen, und ihm also (etwa durch Elektronenstoß) die
Energie $E_3 - E_1$ zuführen. Die Messungen sind hiermit in Übereinstimmung. Nach der neuen Theorie müssen wir aber die *beiden*
Zustände 2 und 3 verwirklichen, da die verlangte Strahlung die
gleichzeitige Existenz von beiden voraussetzt. Die Energie muß dann
$E_0 + E_2 + E_0 + E_3$ werden, während sie ursprünglich $E_0 + E_1$
war. Nehmen wir an, daß bei dem Elektronenstoß der erste Schwingungszustand 1 verschwindet, und nur der zweite und der dritte
übrigbleiben, so finden wir für die erforderliche Energiezufuhr
$E_0 + E_2 + E_3 - E_1$, was wohl schwerlich mit den Beobachtungen
in Einklang zu bringen ist.

Natürlich würde man dieser Schwierigkeit entgehen können durch
die Annahme, daß die einzelnen Schwingungszustände nicht gerade
die in (10) angegebenen Energien zu haben brauchen, aber wo bleiben
dann die Energiestufen?

Ferner, nach Bohr, wird bei dem Übergang $3 \rightarrow 2$ gerade die
Energie $E_3 - E_2$ ausgestrahlt; der Bewegungszustand 3 verschwindet und wird durch 2 ersetzt. Kann man sich vorstellen, daß bei der
durch die Differenzschwingungen veranlaßten Strahlung auch gerade
die Energie $E_3 - E_2$ emittiert wird, und was wird dann aus den
Energien der beiden Wellensysteme? Ähnliche Fragen, auf die ich
nicht einzugehen brauche, erheben sich, wenn man den umgekehrten
Vorgang, die Absorption, betrachtet.

Schließlich möchte ich sagen: In der Bohr'schen Theorie kann
man es als unbefriedigend empfinden, daß die emittierten Frequenzen
gänzlich von den Frequenzen der wirklich stattfindenden periodi-
schen Bewegungen verschieden sind. In Ihrer Theorie ist es schön,
daß die beiderlei Frequenzen in einen viel einfacheren Zusammenhang
(nämlich $\nu_{\text{emittiert}} = \nu_2 - \nu_1$, wenn ν_1 und ν_2 „innere" Frequenzen
sind) miteinander gebracht werden; nichtsdestoweniger ist es nicht
leicht, diesen Zusammenhang zu verstehen.

Es wird mir sehr lieb sein, wenn Sie mir einmal schreiben wollen,
wie Sie über das oben gesagte denken. Indes bitte ich, es zu ent-
schuldigen, wenn ich vielleicht Ihre Meinung nicht immer richtig
verstanden habe.

Mit freundlichen Grüßen und in vorzüglicher Hochachtung Ihr
ergebener

H. A. Lorentz

20

Zürich, am 6. Juni 1926

Hochverehrter Herr Professor Lorentz!

Sie haben mir die außerordentliche Ehre erwiesen, auf elf engbeschriebenen Seiten die Gedankengänge meiner letzten Arbeiten einer tiefgreifenden Analyse und Kritik zu unterziehen. Ich finde keine Worte, um Ihnen für dieses wertvolle Geschenk, das Sie mir damit gemacht haben, ausreichend zu danken — es bedrückt mich schwer, daß ich Ihre Zeit damit so ungebührlich stark in Anspruch genommen habe. Der Dank ist — daß ich die Inanspruchnahme fortsetze; aber doch wenigstens nur durch *Lesen*, und Sie haben mir ja erlaubt, Ihnen über meine Stellungnahme zu den außerordentlich interessanten und wichtigen neuen Gesichtspunkten, die Ihr Brief eröffnet, zu berichten. Erlauben Sie, bitte, daß ich das nicht gerade in der Weise tue, daß ich Punkt für Punkt auf die einzelnen Anregungen oder Bedenken antworte — Sie haben dieselben wohl auch kaum in der Reihenfolge mehr im Gedächtnis oder aufgeschrieben. Auch hat vieles, was ich sagen möchte, auf mehrere Stellen Ihres Briefes Bezug.

1) Sie erwähnen die Schwierigkeit, die Wellen im q-Raum bei mehr als drei Koordinaten zu projizieren in den gewöhnlichen dreidimensionalen Raum und dort physikalisch zu deuten. Ich habe diese Schwierigkeit lange sehr schwer empfunden, glaube aber, sie jetzt überwunden zu haben. Die physikalische Bedeutung kommt, wie ich glaube (und am Ende der dritten Arbeit ausgeführt habe), nicht der Größe selbst, sondern einer *quadratischen* Funktion derselben zu. Ich wählte *dort* den Realteil von $\psi\,\bar\psi$, wo ψ in naheliegender Weise komplex gefaßt ist (Kritik siehe unten) und der Querstrich das konjugiert Komplexe bezeichnet. Ich will *jetzt*, einfacher, $\psi\,\bar\psi$ wählen, also das Quadrat des Absolutbetrages der Größe ψ. Handelt es sich nun um

4*
51

ein System von N Massenpunkten, so ist dieses $\psi\,\overline{\psi}$, ebenso wie ψ selbst, eine Funktion von $3\,N$ Variablen oder, wie ich sagen will, von N dreidimensionalen Räumen, $R_1\,R_2\ldots R_N$. Man identifiziere nun *erstens* R_1 mit dem wirklichen Raum und integriere $\psi\,\overline{\psi}$ über $R_2\ldots R_N$; *zweitens* identifiziere man R_2 mit dem wirklichen Raum und integriere über $R_1\,R_3\ldots R_N$; und so fort. Die N Einzelresultate addiere man, nachdem man sie zuvor mit gewissen, die Massenpunkte charakterisierenden Konstanten (ihren *Ladungen*, nach der früheren Theorie) multipliziert hat. Das Ergebnis halte ich für die Elektrizitätsdichte im wirklichen Raum. Für ein Atom mit mehreren Elektronen erhält man so genau das, was Born-Heisenberg-Jordan als Übergangswahrscheinlichkeit bezeichnen, in der neuen und ansprechenden Bedeutung: „Komponente des elektrischen Moments" (eigentlich: *jenes* Teilmoments, das mit der betreffenden *Emissions*frequenz oszilliert).

Unsympathisch, ja direkt zu beanständen, ist dabei die Verwendung des Komplexen. ψ ist also doch von Haus aus eine reelle Funktion, ich sollte also in Glg. (35) meiner dritten Arbeit

$$\psi = \sum_k c_R\, u_R\,(x)\, e^{\dfrac{2\pi i\, E_r t}{h}} \tag{35}$$

statt der imaginären e-Potenz hübsch brav einen Cosinus schreiben und mich fragen: ist es möglich, den Imaginärteil in unzweideutiger Weise hinzuzudefinieren, *ohne auf den ganzen zeitlichen Verlauf der Größe Bezug zu nehmen*, sondern nur auf die reelle Größe selbst und ihre zeitlichen und räumlichen Differentialquotienten *an der betreffenden Stelle*. Das geht nun wirklich, jedenfalls für ψ. Ich schreibe der Kürze halber für die „Wellengleichung"

$$L\,[u] + E\,u = 0 \tag{1}$$

unter $L\,[\ ]$ einen gewissen Differentialoperator verstanden. Ferner sei ψ_r die, ursprünglich allein bekannte, *reelle* Schwingungsfunktion, also der Realteil von ψ, zu dem nun der Imaginärteil hinzudefiniert werden soll. Das kann man so machen:

$$\dot{\psi} = \dot{\psi}_r - \frac{2\pi i}{h}\, L\,[\psi_r] \tag{2}$$

Damit ist also jedenfalls der Betrag von $\dot{\psi}$ unabhängig von der komplexen Darstellung durch die räumlichen und zeitlichen Differentialquotienten von der reellen Größe ψ_r dargestellt, so daß man nicht in Verlegenheit kommt, wenn einmal ein ψ_r vorliegt, das nicht einer

stationären Superposition von Eigenschwingungen entspricht. —
Nun hat man freilich erst $\dot\psi$ und die Integration nach der Zeit würde
eine unbestimmte additive rein imaginäre Koordinatenfunktion in-
volvieren. Ob sich die vernünftig festlegen läßt, weiß ich noch nicht.
Praktisch hindert aber wohl nichts, in der zuerst angeführten Über-
legung durchwegs ψ durch $\dot\psi$ zu ersetzen, weil ja in Wirklichkeit alle
Eigenwerte nahezu gleich groß sind, wegen der großen additiven
Konstante, die sie enthalten und von der Sie auch sprechen. Bestimmt
man diese Konstante, was fast unvermeidlich ist, als $m\,c^2$ (oder ein
ganzzahliges Vielfaches davon), so werden die Eigenwert*differenzen*
gegen die Eigenwerte selbst sehr klein, von der Ordnung der
Relativitätskorrektion.

2) Sie berühren öfters den Punkt, daß die „Wellengleichung" (1)
noch nicht die fundamentale Gleichung des Problems ist, weil sie
keine Differentialquotienten nach der Zeit mehr enthält, dafür aber
die Integrationskonstante E. Auch gilt die Gleichung nicht allgemein, sondern nur für solche Lösungen u, die von der Zeit durch
den Faktor] [¹ abhängen. Letzteres bedeutet aber soviel wie

$$\ddot u = - \frac{4\,\pi^2}{b}\,E^2\,u$$

Aus (1) und (2) kann man E eliminieren und erhält

$$L\,L\,[u] + \frac{b^2}{4\,\pi^2}\,\ddot u = 0 \tag{3}$$

Dieses dürfte also wohl die *allgemeine Wellengleichung* sein, die die
Integrationskonstante E *nicht mehr*, dafür aber Differentialquotienten
nach der Zeit enthält. Sie ist ganz von dem Typus der Gleichung
für die schwingende *Platte* (in der der reduplizierte Laplace'sche
Operator steht), nicht mehr von dem einfachen Typus der schwingenden *Membran*. Ich habe entsetzlich lange gebraucht, um diese einfache Sache aufzufinden. Man kann natürlich jetzt von Gleichung (3)
wieder rückwärts gehen durch den versuchsweisen Ansatz

$$u \sim e^{\frac{2\pi i E t}{h}}$$

und versuchsweise Aufspaltung von (3) nach dem Schema

$$(L\,[\,] - E)\,(L\,[\,] + E)\,u = 0$$

$$L\,[u] - E\,u = 0 \quad \text{oder} \quad L\,[u] + E\,u = 0$$

¹ Die Zeitabhängigkeit ist die einer Sinusschwingung; da aber nicht
festgestellt werden konnte, in welcher Form dieser Faktor im Original
angeschrieben war, wurde die Lücke offengelassen. Vgl. S. 14.

wie bei der schwingenden Platte. Daß man so *alle* Lösungen erhält, muß, wie hinterher durch Untersuchung der Vollständigkeit des gefundenen Funktionssystems gezeigt werden. (Daß *zwei* Gleichungen mit verschiedenem Zeichen für E resultieren, tut natürlich nichts, weil E ja eine unbestimmte, erst zu bestimmende Konstante ist; man erhält also nicht etwa *neue* Lösungen hinzu.)

3) In einer Anlage erlaube ich mir, Ihnen die Abschrift einer kleinen Note zu übersenden, in der zunächst für den einfachen Fall des Oszillators etwas durchgeführt ist, was ein dringendes Postulat ist auch für alle komplizierteren Fälle, dort aber großen rechnerischen Schwierigkeiten begegnet. (Am schönsten wäre es, wenn es sich *allgemein* durchführen ließe, das ist aber vorläufig hoffnungslos.) Es handelt sich um die wirkliche Herstellung der Wellengruppen (oder Wellenpakete), welche beim Übergang zu großen Quantenzahlen den Übergang zur makroskopischen Mechanik vermitteln. Sie sehen aus dem Text der Note, die *vor* Empfang Ihres Briefes geschrieben ist, wie sehr auch mir das „Beisammenbleiben" dieser Wellenpakete Sorge gemacht hat. Ich bin sehr glücklich, jetzt wenigstens auf ein einfaches *Beispiel* hinweisen zu können, wo es, entgegen aller vernünftigen Vermutung, doch zutrifft.

Ich hoffe, daß das jedenfalls für alle jene Fälle so ist, wo die gewöhnliche Mechanik von *quasiperiodischen* Bewegungen spricht. Nehmen wir dies einmal als gesichert oder zugestanden an, so bleibt immer noch die Schwierigkeit des vollkommen *freien* Elektrons im völlig feldfreien Raum. Würden Sie es für einen sehr schweren Einwand gegen die Theorie halten, wenn sich ergeben würde, daß im völlig feldfreien Raum das Elektron nicht existenzfähig ist? Oder vielleicht sogar, daß überhaupt selbst im gewöhnlichen Sinn „freie" Elektronen ihre Individualität nicht dauernd bewahren? Daß das Sprechen von einzelnen Elektronen im Kathodenstrahlbündel vielleicht nur den Sinn hat: das Bündel besitzt eine gewisse „körnige" Struktur, ebenso wie das für ein Lichtbündel durch manche Erscheinungen wahrscheinlich gemacht wird, wobei in *beiden* Fällen weder die rein wellenmäßige noch die rein korpuskulare Beschreibung genau das Richtige trifft, sondern etwas dazwischen, das uns noch nicht adäquat gelungen ist.

4) Ich möchte an die Überlegungen der beiliegenden Note noch einige Bemerkungen knüpfen, deren wichtigste mir diese scheint: man soll *nicht* die *einzelnen* Eigenschwingungen der Wellentheorie mit den *einzelnen* stationären Bahnen der Bohr'schen Theorie in Par-

allele setzen. Denn tut man das, so ist der korrespondenzmäßige Übergang von der Mikromechanik zur Makromechanik schlechterdings unmöglich. Man sieht ja, wie für hohe Quantenzahl ($A \gg 1$) die einzelne Bohr'sche Bahn sich aufbaut aus einer Superposition sehr vieler relativ nahe benachbarter Eigenschwingungen. Es wäre möglich, daß zwischen den Amplituden und Phasen benachbarter Eigenschwingungen zwangsweise Koppelungen bestehen, etwa derart, daß man alle möglichen Zustände des Oszillators erhält, indem man die Größe A alle möglichen positiven Werte annehmen läßt (man muß sich dann das ganze Aggregat noch mit $e^{-\frac{A^2}{2}}$ multipliziert denken, damit das Integral $\int_{-\infty}^{+\infty} \psi\,\bar\psi\,dx$ von A unabhängig wird).

Im Grenzfall eines sehr kleinen A erhält man dann zunächst nur die Grundschwingung, mit wachsendem A werden die Oberschwingungen allmählich angeregt, langsam verschiebt sich der Schwerpunkt zu immer höheren Ordnungszahlen.

Aber das sind vorläufig Hirngespinste, es kann auch ganz anders sein. Keinesfalls halte ich es für richtig, von der *Energie der einzelnen Eigenschwingung* zu sprechen, gemessen etwa durch ihr *Amplitudenquadrat*. Letzteres hat meiner Ansicht nach nichts mit Energie zu tun, sondern mit *Ladung*. Die *einzige* Eigenschaft der einzelnen Eigenschwingung, die mit Energie etwas zu tun hat, ist, glaube ich, ihre *Frequenz*.

Natürlich taucht die Frage auf: warum muß ich aber dem Atom eine ganz bestimmte Energiemenge zuführen, um eine bestimmte Eigenschwingung eben zu erregen? Hier heißt nun: „eine bestimmte Energiemenge zuführen" in Wahrheit entweder: „mit Elektronen bestimmter Geschwindigkeit bombardieren" oder „mit Licht bestimmter Frequenz bestrahlen". Was nun das *letztere* betrifft, so werden Sie besser wissen als ich, daß ein Physiker der alten Zeit Mund und Augen weit aufgesperrt hätte, hätte man ihm gesagt: mit Licht bestimmter Frequenz bestrahlen, das „*bedeute*" eine bestimmte Energiemenge zuführen. Er würde eine sehr viel naheliegendere Erklärung in der *Resonanz* gesucht haben. Den Grund für die ebengenannte, dem Physiker alter Zeit schwer verständliche Behauptung sieht man in der Tatsache, daß Licht von bestimmter Frequenz regelmäßig dieselben physikalischen Wirkungen hervorzubringen vermag, wie Elektronen von bestimmter Geschwindigkeit. Aus dieser Äquivalenztatsache kann man aber mit derselben Zwangläufigkeit bzw. Nichtzwangläufigkeit den umgekehrten Schluß ziehen: das mit bestimmter Geschwindigkeit bewegte Elektron müsse ein Wellenphänomen von der Frequenz desjenigen Lichtes sein, dem es hinsichtlich der Erregung von Resonanz erfahrungsgemäß äquivalent sei. — Ich halte den einen wie den anderen Schluß für etwas einseitig, das Richtige liegt irgendwo in der Mitte.

5) Sie diskutieren sehr eingehend und in einer für mich sehr lehrreichen Weise die Frage der Erklärung der Strahlung durch Schwebungen oder durch Differenztöne. Ich muß offen gestehen, daß ich bisher zwischen diesen zwei Dingen begrifflich nicht genügend unterschieden habe. Ich war zunächst so überaus froh, zu einem Bild gelangt zu sein, bei dem doch *irgendetwas* wirklich mit derjenigen Frequenz stattfindet, die wir an dem ausgestrahlten Licht beobachten, daß ich mich mit dem fliegenden Atem eines gehetzten Flüchtlings auf dieses Etwas in der Form, in der es sich unmittelbar darbot, stürzte, nämlich auf die mit der Schwebungsfrequenz periodisch an- und abschwellenden Amplituden. Ich wollte damit nur sagen: es ist ein Mechanismus *denkbar*, durch den diese an- und abschwellenden Amplituden Licht *gleicher* Frequenz erregen. Hingegen schien mir und scheint mir (und zwar seit 1914) die Frequenzdiskrepanz des Bohr'schen Modells etwas so *Ungeheuerliches*, daß ich die Lichterregung auf diesem Weg wirklich beinahe als *undenkbar* bezeichnen möchte. — Bei der *Alternative*: Schwebungen oder Differenzton, erkläre ich mich aber selbstverständlich für das Letztere. Das heißt ja nur: es darf keinesfalls alles in Strenge *linear* zugehen, sonst bleibt die schönste Schwebungsfrequenz in Ewigkeit unwirksam.

6) Ich wundere mich, daß Sie an einer Stelle Ihres Briefes starken Anstoß daran nehmen, daß „die Strahlung als etwas Nebensächliches betrachtet wird, als etwas, das von Gliedern in den Fundamentalgleichungen herrührt, die man in erster Näherung (bei Ableitung der Wellengleichung) sogar vernachlässigt". Falls ich Sie recht verstehe, so muß ich erklären, daß mir das Gegenteil, wenn es vorläge, ein ernster Stein des Anstoßes sein würde. Und zwar deshalb, weil ich glaube, daß die größenordnungsmäßige Bedeutung der Strahlungsglieder für die Atomdynamik von den älteren Theorien richtig erfaßt wird, und zwar nicht erst von der Bohrschen Theorie, sondern schon von der Elektronentheorie. In beiden spielen die Strahlungsglieder eine ganz sekundäre Rolle. In der Elektronentheorie ist die Hauptkraft des Eigenfeldes auf das Elektron die Trägheitskraft. Die Strahlungskraft erscheint erst als zweites Glied einer Reihenentwicklung

56

und ist in Wirklichkeit bei den modellmäßig vorkommenden Elektronenbewegungen immer sehr klein gegen die Trägheitskraft. Auch im Bohr'schen Modell wird zunächst von der Reaktionskraft der Strahlung vorerst völlig abgesehen und das ganze Modell ohne sie aufgebaut. Erst hinterher kommt sie durch zwei Dinge hinein: erstens durch die Annahme einer (gerade durch die klassische Strahlungskraft bestimmten) *Unschärfe* des Niveaus, zweitens durch die „Elektronensprünge". Diese letzteren, in ihrer bizarren Unstetigkeit, lassen nun freilich nicht mehr *unmittelbar* einen größenordnungsmäßigen Vergleich mit irgendetwas anderem zu. Aber da die *Häufigkeit* der Sprünge doch wieder „korrespondenzmäßig" aus der Strahlungskraft berechnet wird, sieht man, daß sie größenordnungsmäßig mit letzterer auf eine Stufe zu stellen sind. Ich bin darum ganz zufrieden, daß die Wellenmechanik, wie es scheint, in diesem Punkt mit den älteren Theorien in Übereinstimmung ist, soferne die Rückwirkung der Strahlung auf das strahlende System geringfügig genug ist, um bei Aufstellung seiner „Bewegungsgleichungen" in erster Näherung vernachlässigt werden zu können.

Daß die Hinzufügung dieser Glieder den linearen Charakter der Bewegungsgleichungen notwendig aufheben muß, ist mir durch Ihre Auseinandersetzungen zur unumstößlichen Gewißheit geworden und ich halte diese Erkenntnis für außerordentlich wichtig.

7) Sie leiten aus der Wellengleichung selbst und aus dem Ansatz für die Gruppengeschwindigkeit rückwärts wieder den Ausdruck (6) meiner zweiten Mitteilung für die *Wellengeschwindigkeit* ab, von dem ich ausgegangen war:

$$u = \frac{E + E_0}{\sqrt{2\,m\,(E - V)}}$$

Bei mir fehlt formell die Konstante E_0, doch habe ich (S. 10 oben) betont, daß E und V einzeln selbstverständlich nur bis auf eine additive Konstante bestimmt sind. Den Umstand, daß die *Wellenlänge* von dieser Konstante unabhängig ist, habe ich ebendort mit besonderer Freude hervorgehoben, weil ja gerade die Wellenlänge die Größenordnung der Bahndimensionen bestimmt, bei denen Quantenphänomene aufzutreten beginnen.

Sie heben dann an einer späteren Stelle hervor, daß eben wegen dieser unabänderlich festgelegten Wellenlänge die Dimensionen des Elektrons sicher von mindestens derselben Größenordnung sind wie die Bohrschen Ellipsenbahnen kleiner Ordnungszahl und daß es auf keine Weise möglich sei, Wellenpakete zu konstruieren, welche auf diesen Bahnen umlaufen und klein gegen die Bahndimensionen sind. Ich weiß nicht, ob ich recht habe, wenn ich hier ein „leider" zwischen den Zeilen lese. Ich glaube aber die beiliegende Note zeigt Ihnen jedenfalls, daß ich diesen Wunsch für die *klein*quantigen Bahnen nie gehegt habe. Diese *Zustände sind* meiner Ansicht nach etwas von Elektronenbahnen toto genere verschiedenes, erst für hohe Quantenzahl tritt die klassische Mechanik wieder allmählich in ihre Rechte, genau so, wie das *Beugungs*bild eines *Spaltes* sich allmählich in sein *Schatten*bild verwandelt, wenn Sie die Spaltbacken langsam auseinanderziehen.

8) Darf ich noch zum Schluß einige ernsthafte Schwierigkeiten prinzipieller Natur hervorheben (ohne Zusammenhang mit Ihrem Brief), die mir an der Matrizenmechanik erst allmählich klar geworden sind und in denen ich — auch ganz abgesehen von der Anschaulichkeit — einen Vorzug der Wellenmechanik sehe.

Da ist hauptsächlich die *Symmetrisierung der Hamiltonfunktion* zu nennen. Ich habe darüber in der dritten Arbeit S. 14 ziemlich ausführlich gesprochen. Was ich aber damals noch nicht klar erkannt hatte, das war und ist, daß die von Born, Jordan und Heisenberg dafür aufgestellten Regeln geradezu falsch sind, wenn man sie auf verallgemeinerte Koordinaten anwendet, sie sind nur richtig in kartesischen Koordinaten. Das hat sich bei den Rechnungen von Dirac und Pauli einfach *empirisch* herausgestellt, es wird dann einfach diejenige Symmetrisierung gewählt, die auf etwas Vernünftiges führt. In einer zusammenfassenden Arbeit in den mathematischen Annalen entschließt sich daher Heisenberg[1], festzusetzen, die Hamiltonfunktion sei in *kartesischen* Koordinaten aus der klassischen Theorie zu entnehmen. Dabei nimmt er aber die früher (mit Born und Jordan in der Zeitschrift für Physik) vorgenommene geradezu falsche Verallgemeinerung auf beliebige Koordinaten nicht ausdrücklich zurück. Außerdem bleiben Fälle, wie der symmetrische oder unsymmetrische Kreisel völlig unbestimmt, denn da ist ein Zurückgehen auf kartesische Koordinaten nicht nur beschwerlich, sondern unmöglich, solange man sich nicht darüber ausgesprochen hat, wie „starre Verbindungen" in die neue Mechanik übersetzt werden sollen.

Demgegenüber ist die Wellenmechanik direkt auf beliebige Koordinaten anwendbar und läßt die Energiestufen berechnen, ohne daß

---

[1] W. Heisenberg, Mathematische Annalen *95*, 683, 1926.

man den Zusammenhang der allgemeinen Koordinaten mit kartesischen überhaupt zu kennen braucht.

Ein zweiter Punkt ist der, daß die Wellenmechanik stets, von der *einen* additiven Konstante vielleicht abgesehen (die aber in den Energie*differenzen* belanglos ist), vollkommen *bestimmte* Eigenwerte liefert. Das scheint in der Matrizenmechanik zum mindesten sehr schwer zu sein und ich bin nicht sicher, ob hier nicht gelegentlich *prinzipielle* Unbestimmtheiten bestehen bleiben. Dirac (Proc. Roy. Soc.)[1] und Wentzel (Zeitschrift für Physik)[2] rechnen Seiten lang am Wasserstoffatom, Wentzel auch relativistisch, wobei im Endresultat bloß *das* fehlt, was einen eigentlich interessiert: nämlich, ob „halbzahlig" oder „ganzzahlig" zu quanteln ist!* So findet Wentzel also zwar „genau die Sommerfeld'sche Feinstrukturformel", aber aus dem angegebenen Grunde ist das Resultat für den Erfahrungsvergleich ganz wertlos. — In der Wellenmechanik ergibt die relativistische Behandlung, die ebenso einfach ist, wie die klassische, unzweideutig halbzahliges Azimut- und Radialquant. (Ich habe die Rechnung seiner Zeit nicht publiziert, weil dies Ergebnis mir eben zeigte, daß noch etwas fehlt; dieses Etwas ist sicher der Gedanke von Goudsmit und Uhlenbeck.) — Nebenbei bemerkt, ist Wentzels Ansatz *so* beschaffen, daß *wenn* er bis zum Resultat vordränge, sein Resultat wahrscheinlich falsch sein würde**, weil er das Problem zweidimensional faßt statt dreidimensional. Das ist, wie ich in der zweiten Mitteilung, S. 32, hervorhob, nicht erlaubt — und ist, bei der vollkommen mathematischen Aequivalenz der Wellenmechanik und der Göttinger Mechanik, sicher auch in der letzteren unerlaubt. Die Wellenmechanik läßt hiefür den Grund auch klar erkennen, denn eine Wellenbewegung in zwei Dimensionen ist selbstverständlich etwas ganz anderes als eine Wellenbewegung in drei Dimensionen. Dagegen kann man, soweit ich sehe, in der Göttinger Mechanik nicht recht erkennen, weshalb die Reduktion des Problems durch Verwendung eines Integrals verboten

---

* Die „Quantenintegrale" enthalten je noch eine additive Konstante, die unbestimmt bleibt. Nur daß sie nach ganzen Vielfachen vom *h fortschreiten* wird erschlossen. Das ist ein *ernsthafter* Mangel und nicht, wie die additive Energiekonstante, ein belangloser.

** d. h. nicht die wahre Aussage der Theorie darstellen.

[1] P. A. M. DIRAC, Proceedings of the Royal Society *109*, 649, 1925; *110*, 561, 1926.

[2] G. WENTZEL, Zeitschrift für Physik *37*, 80, 1926.

sein soll. Zum mindestens ist der Grund nicht sehr augenfällig, sonst würde nicht allgemein davon Gebrauch gemacht.

Ich fürchte, ich habe Ihnen, verehrter Herr Professor, durch diesen langen Brief neuerlich sehr viel Zeit weggenommen. Aber Ihre liebenswürdige und eingehende und bei allen Bedenken doch so wohlwollende Kritik meines Versuches läßt mich hoffen, daß doch der eine oder der andere der durch sie ausgelösten Gedanken für Sie von Interesse ist. Ich bin ganz überzeugt, daß ich nicht alle Bedenken bei Ihnen habe zerstreuen können — um die Wahrheit zu sagen: ich habe deren selbst noch mehr als genug und erblicke in all diesen Überlegungen nicht mehr als den ersten blassen Lichtschimmer eines hoffentlich anbrechenden tieferen Verständnisses.

Noch für etwas muß ich Ihnen sehr danken, und das ist das reizende Bild, mit welchem Sie alle diejenigen belohnt haben, die Ihnen anläßlich Ihres Festtages ihre Verehrung bekundet haben durch einen — wenigstens in meinem Falle — leider bloß symbolischen Akt. Das liebe Bild wird mir stets eine schöne Erinnerung sein an die Tage reinsten Genusses, die ich vor zwei Jahren in Brüssel unter Ihrer Führung verleben durfte.

Ich bitte Sie, stets überzeugt zu sein von der aufrichtigen Bewunderung und Verehrung

Ihres ganz ergebensten

E. Schrödinger

21

LORENTZ AN SCHRÖDINGER

Haarlem, den 19. Juni 1926

Sehr geehrter Herr Kollege!

Ich habe Ihren letzten Brief, für den ich bestens danke, mit lebhaftem Interesse gelesen und er hat viel dazu beigetragen, mir Ihre Auffassungen verständlich zu machen. Ich sehe jetzt, daß die Schwierigkeiten, die ich empfand, zum Teil daher rührten, daß ich mich in zu hohem Maße an die Vorstellungen der jetzigen Quantentheorie gewohnt hatte, so daß ich mich nicht sofort genügend davon befreien konnte. So kam ich z. B. dazu, es zu beanständen, daß bei Ihnen die Ausstrahlung als etwas „Nebensächliches" auftritt.

Sie haben ganz recht, wenn Sie sagen, daß dieses auch in der klassischen Theorie insofern der Fall ist, als z. B. das dem Strahlungswiderstande entsprechende Glied in der Bewegungsgleichung eines Elektrons gegen die anderen Glieder weit zurückbleibt, sodaß es oft in erster Annäherung vernachlässigt werden kann. Aber ich dachte an einen Quantensprung 2 — 1, wobei (wie ich mir mit Bohr vorstellte) die bestimmte endliche Energiemenge $E_2 - E_1$ mit der Frequenz $\nu_{21} = \dfrac{E_2 - E_1}{h}$ ausgestrahlt wird. Derartige Übergänge mögen selten vorkommen, aber bei jedem einzelnen Quantensprung ist die Ausstrahlung geradezu die Hauptsache *. Wenn es aber gelingt, Ihre Auffassung (Ausstrahlung des Differenztons) durchzuführen, und wenn wir dann an die Ausstrahlung gerade der Energiemenge $E_2 - E_1$ gar nicht mehr zu denken haben, so wird mich das auch schon befriedigen.

---

* Um mir den Vorgang einigermaßen vorzustellen, habe ich mir gedacht, es gäbe einen Vibrator mit der Frequenz ν_2, der die Energie $E_2 - E_1$ aufnimmt und sie dann ruhig ausstrahlt; oder auch, das Atom verwandle sich, wenn es die Energie E hat, zeitweise in einen Vibrator ν_{21} und dieser werde wieder ein Bohr'sches Atom, wenn seine Energie durch Ausstrahlung auf E_2 abgenommen hat.

In diesem Zusammenhang hat mir auch Ihre Bemerkung über das „strahlungserregende Vermögen" eines bewegten Elektrons ganz gut gefallen. Auch hierbei dachte ich zu viel an die Energie des Elektrons. Wenn es gelingt, die Erscheinungen dadurch zu deuten, daß man mit dem bewegten Elektron eine bestimmte Frequenz verbindet, sodaß man es mit einer Resonanz zu tun hat, so ist es viel schöner.

Indes erheben sich hier noch manche Fragen. Gesetzt, wir haben ein System mit den Grundschwingungen ν_1 und ν_2, und zwar ist

$$\nu_1 = \frac{E_0 + E_1}{h}, \qquad \nu_2 = \frac{E_0 + E_2}{h} \tag{1}$$

wo E_1 und E_2 die (negativen) Energien sind, die wir dem Atom in zwei stationären Zuständen zuschreiben (nach Bohr), während E_0 ein hoher positiver Wert ist. Man kann sich nun vorstellen, daß unter dem Einfluß einer Bestrahlung von außen mit der Frequenz $\nu_2 - \nu_1$, das System dazu veranlaßt wird, wieder Licht in dieser selben Frequenz zu emittieren („Resonanz mit Differenzton"). Aber wie soll die Resonanz mit einem Elektron stattfinden? Bei de Broglie (geradlinig bewegtes Elektron) muß man unterscheiden zwischen der Frequenz im Inneren des Elektrons und jener der Wellen, die das Teilchen bei seiner Fortbewegung begleiten. Ich will mich hier an die erste halten, da ich von den Wellen in diesem Fall keine genügend klare Vorstellung habe.

Was nun die innere Frequenz betrifft, so wird diese, wenn sie für ein ruhendes Elektron den Wert ν_0 hat, für ein mit der Geschwindigkeit v bewegtes, nach der Relativitätstheorie

$$\nu_0 \sqrt{1 - \frac{v^2}{c^2}} = \nu_0 - \nu_0 \frac{v^2}{2 c^2}$$

betragen. Man kann wohl schwerlich anders tun, als $\nu_0 = \frac{m c^2}{h}$ setzen. Dann kommt

$$\frac{m c^2 - \frac{1}{2} m v^2}{h}$$

Erfahrungsmäßig kann nun das Elektron die Ausstrahlung $\nu_2 - \nu_1$ veranlassen, wenn

$$\frac{1}{2} m v^2 = E_2 - E_1$$

ist, sodaß der letzte Ausdruck wird

$$\frac{m c^2 + E_1 - E_2}{h} \tag{2}$$

Wie kann nun ein System mit den Grundfrequenzen (1) zur Resonanz gebracht werden, sodaß es $\nu_{21} = \dfrac{E_2 - E_1}{b}$ ausstrahlt, unter dem Einfluß einer Einwirkung mit der Frequenz (2)? Man sieht es nicht einmal ein, wenn man, was nahe liegt, $E_0 = m\,c^2$ setzt und die Sache wird noch dadurch kompliziert, daß das Elektron durch das Elektron[1] hindurchfliegt, so daß es mit seinen raschen Schwingungen rascher an den verschiedenen Punkten des Schwingungsfeldes angreift, so daß wohl noch etwas wie ein Doppler-Effekt in Betracht gezogen werden müßte.

Mit der Zusendung Ihrer Note „Der stetige Übergang von der Mikro- zur Makromechanik"[2] haben Sie mir eine große Freude gemacht, und als ich sie gelesen hatte, war mein erster Gedanke: mit einer Theorie, die einen Einwand in so überraschender und schöner Weise widerlegt, muß man schon auf dem rechten Wege sein. Leider hat sich meine Freude alsbald wieder getrübt; ich kann nämlich nicht einsehen, wie Sie z. B. im Falle des Wasserstoffatoms Wellenpakete konstruieren können, die (ich denke jetzt an die *sehr hohen* Bohr'schen Bahnen) sich wie das Elektron bewegen. Die dazu erforderlichen *kurzen* Wellen stehen nicht zu Ihrer Verfügung. Ich habe diesen Punkt schon in meinem ersten Briefe berührt, und möchte jetzt etwas näher darauf eingehen. Vorher erlaube ich mir aber, Ihnen einige Rechnungen mitzuteilen, zu denen Ihre Note mich veranlaßt hat. Vielleicht kann die Methode, die ich dabei benutzt habe, in irgend einem Falle Anwendung finden.

Da wir vorläufig schwerlich darauf hoffen dürfen, in komplizierteren Fällen die Wellenpakete wirklich zu konstruieren, so stellte ich mir die Frage: wenn man *annimmt*, daß es Wellengruppen gibt, die dauernd auf einen kleinen Raum beschränkt bleiben, kann man dann beweisen, daß sie sich in einem Kraftfelde genau so wie ein Elektron bewegen müssen? Natürlich würde man dies sofort behaupten können, wenn man die Aussagen der gewöhnlichen Optik über die Fortpflanzung (Lichtstrahlen, Gruppengeschwindigkeit) auf die jetzt vorliegenden Fälle übertragen dürfte. Man muß aber mit dieser Übertragung vorsichtig sein; wie Sie bemerken, ist in der Optik von einer kontinuierlichen Reihe von Frequenzen die Rede, hier aber nur von einzelnen diskreten Frequenzen. Ihr Resultat zeigt schon, daß man

----

[1] „Elektron" steht hier wohl versehentlich statt „Atom".
[2] E. Schrödinger, Naturwissenschaften *14*, 664, 1926.

in dem betrachteten Fall etwas anderes (und zwar *mehr*, nämlich ein wirklich dauerndes Zusammenbleiben) ableiten kann als aus den besagten optischen Sätzen.

Ich habe die Methode zunächst am linearen Vibrator versucht, und dann auf das H-Atom angewandt.

———

Hier folgt im Original eine 12 Seiten beanspruchende Rechnung mit dem Ergebnis, daß ein Wellenpaket auf einer höherquantigen Bahn des Wasserstoffatoms nicht beisammenbleiben und daher nicht als Modell eines Elektrons gebraucht werden könnte.

———

Dies ist der Grund, weshalb es mir scheint, daß Sie bei der jetzigen Gestalt Ihrer Theorie nicht imstande sein werden, Wellenpakete zu konstruieren, welche die in sehr hohen Bohr'schen Bahnen laufenden Elektronen repräsentieren können. Denn soviel dürfen wir doch wohl der klassischen Optik entnehmen*, daß ein Wellenpaket sehr viele Wellenlängen umfassen muß. In Ihrem Beispiel des linearen Vibrators hatten Sie den Vorteil, daß beliebig kurze Wellen zur Verfügung standen.

———

Sie sprechen in Ihrem Briefe davon, daß eine gewisse in ψ quadratische Größe die elektrische Dichte (und nicht etwa eine Energie) bedeuten könnte, wobei Sie sich das Elektron als „verwischt" vorstellen. Ich möchte nur fragen, wenn wir eine in den Formeln vorkommende Größe mit der Dichte einer Ladung identifizieren, wäre es dann nicht schön (und erwünscht), wenn $\int \rho \, d\tau = $ konst. wäre? Das dürfte wohl kaum zutreffen mit $\rho = \psi \bar{\psi}$. Würde es nicht näher liegen, für ρ einen der Werte zu nehmen, die ich im Vorhergehenden mit ε bezeichnet und Energie genannt habe? $\int \varepsilon \, d\tau$ ist ja konstant.

Eine zweite Frage: können Sie positive und negative Ladung unterscheiden?

Eine Schwierigkeit, auf die ich bereits hinwies, besteht darin, daß das in den Formeln vorkommende V $\left(\text{mit dem Gliede} - \frac{e^2}{r}\right)$

———

* Man könnte es auch wohl aus der jetzt in Betracht kommenden Bewegungsgleichung ableiten (Analogon zum Huygenischen Prinzip).

sich nur auf das Feld des Kernes bezieht; kann man sich auf *dieses* Potential beschränken, wenn auch negative Ladung vorhanden ist, entweder kontinuierlich über den Raum verbreitet oder in einem Elektron konzentriert? Ändert man an dem Gliede $\frac{e^2}{r}$, so läuft man Gefahr, die richtigen Eigenwerte von E zu verlieren.

Das sind alles dunkle Punkte. Andererseits ist es wieder erfreulich, daß, wenn Sie $\psi\,\bar{\psi}$ für die Ausstrahlung verantwortlich machen (Sie könnten dasselbe mit jeder quadratischen Größe erreichen), Sie schon dadurch die Differenztöne und die ausgestrahlten Frequenzen zum Vorschein kommen lassen, ohne daß noch weitere Annahmen (Nicht-Linearität der Gleichungen) nötig sind.

Ich möchte zum Schluß, wenn Sie es erlauben, kurz zusammenfassen, was jetzt, wie mir scheint, soweit sie entwickelt und soweit sie aufrechterhalten werden kann, von Ihrer Theorie gesagt werden kann, wobei ich insbesondere an das H-Atom denke. Ich lasse dabei die Energiepakete fallen, und spreche auch nicht von dem Verwischen oder Auflösen des Elektrons.

1) In dem Kernfelde können schwingende Wellenzustände bestehen, die einer bestimmten Bewegungsgleichung gehorchen. Es werden Vorschriften gegeben, um diese aus den Bewegungsgleichungen eines Elektrons abzuleiten.

Das in der Bewegungsgleichung vorkommende Potential ist das von der Kernladung abhängige. Die Ladung des Elektrons hat auf dieses Potential keinen Einfluß.

2) Die möglichen Wellenzustände haben bestimmte (sehr hohe) Frequenzen, die man durch Berücksichtigung der Grenzbedingungen (für $r = 0$ und $r = \infty$) findet. In jedem Punkte bestimmte w und λ, abhängig von Punkt, unabhängig von Richtung.

3) Für die Ausstrahlung wird eine in Bezug auf ψ quadratische Größe verantwortlich gemacht. Dies führt, sobald zwei der genannten Bewegungszustände mit den Frequenzen ν_1 und ν_2 zur gleichen Zeit bestehen, zu der *ausgestrahlten* Frequenz $\nu_2 - \nu_1$ (und zu einer Frequenz $\nu_2 + \nu_1$, die *sehr* hoch liegt und von der wir absehen dürfen [oder wollen]).

Vom Elektron ist soweit noch kaum die Rede. Es muß aber wohl irgendwie an den Vorgängen beteiligt sein, was schon daraus hervorgeht, daß das Spektrum eines Atoms durch Verlust eines Elektrons gründlich geändert wird. Darum füge ich noch folgendes hinzu.

4) Es gibt bei einem der genannten Schwingungszustände *aus-*

gezeichnete Linien*, dadurch gekennzeichnet, daß bei festgehaltenen Endpunkten

$$\delta \int \frac{d\,s}{w} = 0 \tag{32}$$

ist w Fortpflanzungsgeschwindigkeit. Die ausgezeichneten Linien sind für den n-ten Zustand genau die n-quantigen Bahnen des Elektrons in der Bohr'schen Theorie.

Beweis: Man kann (32) ersetzen durch

$$\delta \int \frac{d\,s}{\lambda} = 0 \tag{33}$$

Nun steht für den n-ten Zustand, den wir betrachten wollen, $E = E_n$ fest, und in der Wellengleichung

$$\Delta \psi + \frac{2\,m}{H^2} \left(E + \frac{e^2}{r} \right) \psi = 0 \tag{34}$$

bedeutet $E + \dfrac{e^2}{r}$ die kinetische Energie $\dfrac{1}{2}\,m\,v^2$, die ein Elektron mit der Gesamtenergie E_n an der betrachteten Stelle haben würde. Leitet man nun aus (34) λ ab, so wird $\lambda \sim \dfrac{1}{v}$ (mit konstantem Faktor); also verwandelt sich (33) darin, daß bei vorgeschriebenem E_n

$$\int v\,d\,s = 0$$

sein soll. Das ist aber gerade die Bedingung, welche die Bewegung eines Elektrons bestimmt.

5) Man sieht zu gleicher Zeit, daß die ausgezeichneten Linien geschlossen sind (Ellipsen oder Kreise). Sie haben nun die weitere Eigenschaft, daß ihr Umfang, in Wellenlängen ausgedrückt (ich meine $\int \dfrac{d\,s}{\lambda}$) eine ganze Zahl ist**.

Beweis: Aus (34) folgt für die Wellenlänge:

$$\frac{4\,\pi^2}{\lambda^3} = \frac{2\,m}{H^2} \frac{1}{2}\,m\,v^2 = \frac{m^2\,v^2}{H^2}, \quad \lambda = \frac{2\,\pi\,H}{m\,v} = \frac{h}{m\,v}$$

Also

$$\int \frac{d\,s}{\lambda} = \frac{1}{h} \int m\,v\,d\,s = \frac{2}{h} \int T\,d\,t = \frac{2}{\lambda}\,\Theta\,\overline{T}$$

---

* Ich nenne sie so und spreche nicht von „Lichtstrahlen", weil von der physikalischen Bedeutung dieser letzteren (Begrenzung eines weiten Bündels) nicht mehr die Rede ist.

** Wir können hierüber sprechen, auch ohne gerade an eine Fortpflanzung der Linie entlang, zu denken.

wenn Θ die Umlaufzeit des Elektrons in der betrachteten Bahn und $\overline{T}$ das zeitliche Mittel der kinetischen Energie ist. Nun gilt aber bei der Bewegung in einer Keplerellipse der Satz

$$\overline{T} = - E$$

wenn E die Energie ist (potentielle Energie im Unendlichen Null). Wir haben daher zu berechnen

$$- \frac{2}{h}\, \Theta\, E_n$$

und können das für eine Kreisbahn tun, da ja für alle n-Quantenbahnen, seien es Kreise oder Ellipsen, die Umlaufzeit Θ dieselbe ist. Nun ist für eine Kreisbahn vom Radius r_n

$$E_n = - \frac{e^2}{2\,r_n}, \qquad \Theta = \frac{2\,\pi\,r_n}{v_n}$$

sodaß unser Ausdruck wird

$$\frac{2\,\pi\,e^2}{h\,v_n}$$

Also, da nach einer bekannten Formel $v_n = \dfrac{2\,\pi\,e^2}{n\,h}$ ist,

$$\int \frac{d s}{\lambda} = n$$

6) Aus irgend einem Grunde * kann das Elektron sich nur in einer ausgezeichneten Linie bewegen. Dabei bleiben wir einigermaßen im Unsicheren darüber, was das Elektron tun wird, wenn zwei der Schwingungszustände zu gleicher Zeit bestehen.

Wie Sie sehen, nähert man sich mit dem zuletzt Gesagten den Ausführungen de Broglie's. Ihm gegenüber haben Sie den Fortschritt gemacht, daß Sie uns die Wellenzustände klar vor Augen stellen und das ist ein wichtiger Schritt.

Indes, wenn wir die Wellenpakete aufgeben müssen und damit einen der Grundgedanken Ihrer Theorie, die Umwandlung der klassischen Mechanik in eine undulatorische, so würde damit etwas ver-

---

* Schwer zu sagen, weshalb. Man könnte hier an de Broglie's Auffassung denken: innere Schwingungen des Elektrons, Übereinstimmung in Phasen zwischen diesen und der begleitenden Welle.

lorengehen, das sehr schön gewesen wäre. Es würde mich sehr freuen, wenn Sie hier einen Ausweg finden könnten.

Übrigens wäre ich sehr zufrieden, wenn man nun auch für einige andere Fälle (Relativitätskorrektion, Mitbewegung des Kernes, Stark- und Zeemaneffekt) soweit kommen könnte, wie nach dem oben 1)—6) Gesagten, für das Balmer-Spektrum.

Mit freundlichen Grüßen und in vorzüglicher Hochachtung Ihr ergebener

H. A. Lorentz